让青少年受益一生的智慧锦囊

史毅军 编著

中国出版集团
现代出版社

图书在版编目（CIP）数据

让青少年受益一生的智慧锦囊／史毅军编著．—北京：现代出版社，2011.9（2025年1月重印）
ISBN 978-7-5143-0317-9

Ⅰ.①让… Ⅱ.①史… Ⅲ.①人生哲学-青年读物②人生哲学-少年读物 Ⅳ.①B821-49

中国版本图书馆CIP数据核字（2011）第146378号

让青少年受益一生的智慧锦囊

编　　著	史毅军
责任编辑	杨学庆
出版发行	现代出版社
地　　址	北京市安定门外安华里504号
邮政编码	100011
电　　话	010-64267325　010-64245264（兼传真）
网　　址	www.1980xd.com
电子信箱	xiandai@vip.sina.com
印　　刷	三河市人民印务有限公司
开　　本	710mm×1000mm　1/16
印　　张	13
版　　次	2011年9月第1版　2025年1月第9次印刷
书　　号	ISBN 978-7-5143-0317-9
定　　价	49.80元

前 言

纵观人类历史的漫漫长河，人们在社会生活和斗争过程中，闪现出了许多大智大勇的智慧火花，积淀下了沉甸甸的智慧文化，积累了许许多多极为宝贵的智慧思想以及运用这些智慧思想的典型经验。它们是人类文化思想的结晶，闪耀着辩证思想的耀眼光辉，有着广泛的实用性和不朽的生命力。尤其是在我国历史上产生的那些高明的智慧谋略，备受世界各国的重视和景仰。

现实是历史的发展，现代文明是建立在古代文明的基础上的，是古代文明的延续和合理发展。因此，对古代的文化抱残守缺、食古不化，当然是迂腐的；但是对古代文明采取虚无主义的态度，数典忘祖、一概抹杀，显然也是不明智的。我们应当采取的正确态度当然应该是古为今用，也就是认真地总结、继承和借鉴历史上那些成熟的智慧谋略的经验，用进步的、发展的方法去关注历史文化，用进步的、发展的方法去研究古代智慧，用海纳百川的胸怀和批判的眼光去继承古代智慧谋略这份特殊的也是弥足珍贵的文化遗产。

本书分为“谋略锦囊”、“计策锦囊”、“识略锦囊”、“弘毅锦囊”、“坚忍锦囊”等5章，共有99个智慧锦囊。本书取材广博，选例典型，叙事简明，重点突出。而且每一锦囊后面都附有一个起着画龙点睛作用的“锦囊妙语”，以便于广大读者理解和阅读。

本书将人生事业的成功智慧、安身立命的社会智慧、让人幸福的生活智慧荟萃于一书，犹如人生幸福必备的智慧锦囊，如能认真阅读和深入思考，定能让你看透人生的迷雾，使自己变得洞察世事、人情练达，从而走向更加成功和灿烂的辉煌明天。

在编撰过程中，由于受资料和学识所限的缘故，书中可能会有失误和不足之处，欢迎广大读者提出建议和批评，以便将来再版时采纳和改正。

目　录
Contents

弘毅锦囊

坚忍锦囊

谋略锦囊

用人不疑的孙权

孙吴的诸葛谨，字子瑜，琅邪阳都人。生于174年，卒于241年，诸葛亮的兄长。东汉末年，军阀混战，诸葛亮于隆中躬耕陇亩，后经刘备“三顾茅庐”而出山为其所用。其兄诸葛谨，避乱江东，经孙权妹婿弘咨荐于孙权，受到礼遇，初为长史，后为南郡太守，再后为大将军，领豫州牧。

诸葛谨受到重用，引起了一些人的嫉妒，暗谗中伤其明保孙吴、暗通刘备，为其弟诸葛亮所用。一时间，谣言四起，满城风雨。孙吴名将陆逊善明是非，他听说后非常震惊，当即上表保奏，声明诸葛谨心胸坦荡，忠心事吴，根本没有不忠不孝之事，恳请孙权不要听信谗言，应该消除对他的疑虑。孙权说道：“子瑜与我共事多年，情如骨肉，彼此了解得十分透彻。对于他的为人，我是知道的，不合道义的事不做，不合道义的话不说。刘备从前派诸葛亮来东吴的时候，我曾对子瑜说过：‘你与孔明是亲兄弟，而且弟弟应随兄长，在道理上也是顺理成章的，你为什么不把他留下来呢？如果你要孔明留下来，他不敢违其兄意，我也会写信劝说刘备，刘备也不会不答应。’当时子瑜回答我说：‘我的弟弟诸葛亮已投靠刘备，应该效忠刘备；我在你手下做事，应该效忠于你。这种归属决定了君臣之分，从道义上说，都不能三心二意。我兄弟不会留在东吴，如同我不会到蜀汉去是一个道理。’这些话，足以显示出他的高贵品格，哪能出现像所流传的那种事呢？子瑜是不会负我的，我也绝不会负子瑜。前不久，我曾看到那些文辞虚妄的奏章，当场便封起来派人交给子瑜，并写了一封亲笔信给子瑜，很快就得到了他的回信，他在信中论述了天下君臣大节自有一定名分的道理，使我很受感动。可以说，我和子瑜已是情投意合，同时又是相知有素的朋友，绝不是外面那些流言蜚语所能挑拨得了的。我知道你和他是好朋友，我就把你的奏表封好，像过去一样，也交给子瑜去看，也好让他知道你的一片良苦用心。”

锦囊妙语

常言说：“用人不疑，疑人不用。”用人之前，要看准，确认其无误，便不再去疑。这样，既为自己减轻了负担，又给他人留下了发挥才能的空间。

善于用人的罗斯福

罗斯福对人才的使用不完全是唯才是举，选才的方法也是五花八门。罗斯福认为，这样选任人才，容易更好地进行统御。

国务卿一职由田纳西州的科德尔·赫尔担任。此人虽是一个南方国际派，以税务专家和坚决主张低关税政策闻名，但在参议院中颇有影响。赫尔时年61岁，性格倔强，彬彬有礼，受人敬重。

财政部长由威廉·伍丁担任。伍丁虽名义上是共和党人，实际上长期支持罗斯福，与罗斯福过往甚密。他身材瘦小，但为人颇有魅力，智慧过人，在解决银行危机时出了大力。

最引人注目的是任命纽约州的弗朗西丝·帕金斯女士当劳工部长，芝加哥的哈罗德·伊克斯当内政部长，衣阿华州的亨利·华莱士当农业部长。后三人由于贯彻了无数突出的新政计划，以及他们为新政出谋划策，因而在理论上和政策上一般都认为是新政的化身。华莱士于1940年离职，但帕金斯女士和伊克斯的任期却与四届罗斯福政府相始终。

弗朗西丝·帕金斯是美国联邦政府历史上的第一位女部长，她的入阁曾在社会上引起轰动，有一个记者问她身为女性当了部长是否感到不便时，她刻薄地回答：“除非爬树。”

罗斯福使用的亨利·华莱士是个怪杰，是一个神秘的计算机似的统计家，对20世纪30年代的一些农业上的重大问题提出了新的大胆的解决办法。

哈罗德·伊克斯也是由共和党转变过来的。他是芝加哥一位具有改革精神的著名律师，办事谨慎，但脾气暴躁，对贪污受贿疾恶如仇，必除之而后快。

虽然罗斯福对以上各类人才都量才而用，但有一个原则是非常明确的，那就是信而不纵，罗斯福起用智囊团可见一斑。

罗斯福用人的最大成功之处是对智囊团的起用，这开创了美国历史上用人的先河。这些人职位比部长低，但在影响和制定政策方面作用却很大，其中有几位是最早一批的智囊团成员，他们是对新政起了重大作用的高参。

对智囊团的起用最早是1932年美国竞选总统时，因出于博米众议和起草演说稿之需要而请教知识分子，开创了起用智囊团的先河。但作为总统的一个顾问班子，其人选、数目和作用在整个罗斯福几届政府中，前后则发生过不少重大变化。

第一批智囊团的成员有哥伦比亚大学教授蒙德·莫利、雷克斯福德·特格韦尔和小阿道夫·伯利以及休·约翰逊将军等，他们都在不同时期担任过政府公职。公法学教授莫利是在1931年被罗斯福正式延揽负责主管竞选材料的准备工作。捷足先登的莫利随着智囊团的扩大而扮演了重要的角色，因而初期新政的许多政策和立法草案都是由他负责审定或由他指派别人负责搞的。莫利先是进步党人，但在新政进入第二阶段，也就是自由主义色彩较浓的阶段时，他就与新政格格不入了，后来就接受了新杂志《今日》主编的工作，离开了政府。雷克斯福德·特格韦尔是一位英俊的经济学教授，与罗斯福一样，强烈地主张保护资源。他在农业部工作了几年，还在几个委员会里担任过职务，他常以经济哲理家和排难解忧的行家身份而被其他部门召请。哥伦比亚法学院才思敏捷的阿道夫·伯利教授，在新政初期未接受政府职务，然而在财政、经济分析与国际关系等问题上却不时提出可贵的咨询意见。休·约翰逊将军，是得到法学学位的西点军校毕业生。他早期为罗斯福撰写发言稿，并帮助起草农业与企业方面的立法，还负责过全国复兴总署，但最后却成为时常抨击新政的报业辛迪加的专栏作家。

在罗斯福周围，还有一些具有不同程度的影响、担任过不同职务的总统顾问，他们任职时间长短不一。其中托马斯·科科伦与杰明·科恩，就是两位典型的致力于新政事业的精明强干、热情洋溢的青年律师。他们两个都是哈佛大学法律教授弗利克斯·弗兰克福特的高足。科科伦与科恩合伙草拟了1934年《证券交易法》和1935年《控股公司法》一类出色的"在法律上过得硬"的立法杰作。科科伦担任总统助理的时间比科恩长，一直干到他的职位由哈里·霍普金斯替代为止。应聘来华盛顿担任联邦紧急救济署署长的霍普金斯，是一位著名的社会工作者，曾在纽约州的救济事业中干得很出色。他后来又担任了工程兴办署署长、商务部长等职，协助总统制定国防、外交政策，直到罗斯福去世，他一直是总统最亲密的顾问。

罗斯福的新政带有浓厚的实用主义观点，大部分来自他那乐于兼容并蓄三教九流的人才胸怀。这些人才不少出身于学术界，他们能在一般的事务中发挥他们的合理思维与分析才能，并在特定的领域里施展他们的专门知识。自认为是新政派的学者，通常是倾向于改革的。他们深信借助于计划，应用社会科学的知识，可以造就一个"良好的社会"。为此目的，他们带来了各种不同的思想影响，诸如第一次世界大战期间的国家计划经验，20世纪初期的都市改革目标，以及19世纪平民党的农业和财政改革的主张等。他们共同信仰：合理的思想是解决一切难题的最重要的钥匙。除了少数例外，这些总统助理都对几届罗斯福政府的政绩作出了重要的贡献。

锦囊妙语

在用人过程中既要用人不疑，又要信而不纵。聪明的管理者，都知道任用人的原则：放权以后不是放任不管，而是知道如何在授权的同时仍然保持控制。

避实就虚的苏秦

秦孝公二十四年（公元前338年），纵横家苏秦游说秦惠文王失败后，身上穿着破旧的衣服，脚上穿着破草鞋，肩上挑着担子，十分狼狈地徒步回到自己的故乡洛阳。他不顾兄嫂和妻子的嘲笑，关起门来勤奋读书，困倦时便以锥刺股。一年之后，学业有成，苏秦又开始了他的游说活动。

此次出行，苏秦的目的是要使燕、赵、韩、魏、楚、齐六国缔结联盟，共同对付秦国，这就是历史上著名的“合纵抗秦”之策。苏秦首先北上说服了燕文侯，燕文侯十分高兴地对苏秦说：“我的国家是个小国，力量薄弱，西边受到强秦的威胁，南边又靠近齐国和赵国，齐、赵两国都是强国，现在你以合纵抗秦之策来开导我，让燕国参加合纵以安定燕国，我愿意率领全国百姓听从你的安排。”

燕文侯死后，燕易王即位，齐国趁燕国办丧事之机向燕国发动进攻，夺取了燕国的10个城池。苏秦得知此事，便去游说齐威王，齐威王以上宾的礼节接见了苏秦。苏秦首先向齐王跪拜两次，祝贺齐国夺取了燕国的10座城地，紧接着又仰面朝天，为齐国吊丧。齐王非常震惊，按戈倒退了几步对苏秦说：“你这个人先是庆贺，后又吊丧，究竟是何居心？”

苏秦不慌不忙地回答说：“人们在饥饿的时候，所以不吃毒药附子，是因为它虽然暂时可以吃饱肚子，终究还会死去，这同饥饿而死，同样都是令人痛苦的。现在燕国虽然弱小，却是强秦的女婿，燕易王的妻子正是秦惠文王的女儿，大王贪图燕国的10座城池，却和强秦结下了深仇。您的这些做法，是想促使燕国成为进攻齐国的先锋，使强秦作为燕国的后盾，把天下最精锐的秦兵招来进攻齐国，这恰恰如同是吃了毒药附子一样。”

齐王听了，非常恐惧，问苏秦说：“如此说来，那该怎么办呢？”苏秦回答说：“圣人处理事情，就是要‘转祸而为福，因败而为功’。大王如能听取我的建议，不如归还燕国的10座城池，谦恭地向秦国谢罪，秦王知道大王是因为秦国的缘故才归还燕国的10座城池，一定会感激大王；燕国不费吹灰之力而收回了10座城池，也一定会感激大王，这就是摈弃深仇而建立厚谊的办法。如果秦国和燕国都侍奉齐国，大王发出的号令，天下诸侯各国谁敢不服从？这种做法，就是使您以空洞的言词去顺从秦国，并以退还燕国10座城池换取了号令天下的成果，这也正是称霸天下的事业，转祸为福、转败为功的事业，大王您为什么不赶快去做呢？”

齐王听了，高兴万分，马上将燕国的十座城池奉还，并赠送黄金1000斤（1斤等于0.5千克）给燕国的王后，向燕国表示歉意。苏秦离开时，齐王一路上不断叩头，表示愿意与燕国结为兄弟之国，并且向秦国表示谢罪。

当苏秦离燕使齐时，有些大臣因嫉妒苏秦，便在燕易王面前说苏秦的坏话，挑拨苏秦与燕王的关系。他们对燕王说：“苏秦是天下最不可相信的人。大王以万乘之国君主的身份甘居于区区苏秦之下，在朝廷上尊崇他，这是在向天下显示燕国的君臣与小人为伍。”

燕易王听信了谗言，当苏秦从齐国回来后，燕王不但不表彰苏秦收回燕国10座城池，使齐国向燕国请求修好之功，反而疏远苏秦，不再任用苏秦为官。

苏秦见自己对燕国的忠信举动得不到燕王的赏识，反而遭到燕王的冷落，知道是有人在燕王面前中伤于他，便面见燕王说：“我原是东周洛阳的一个鄙陋之人，当初步行数千里来拜见大王的时候没有一点儿功劳，大王却亲自到郊外来迎接我，使我在朝廷上当官做事。如今，我作为大王的使者，从齐国索回燕国的10座城池，使处境危险的燕国获得了安定，而大王却不相信我。这一定是有人在大王面前中伤我，我的忠信之举却深深得罪了大王身边的人。可见，讲忠信是有罪过的。”

燕王说：“讲忠信又有什么罪过呢？”苏秦回答说：“大王有所不知，请允许臣向大王报告一件因忠信而获罪的事。我的邻居有一个人到远方去做官，他的妻子难忍寂寞，便与别人私通。当得知丈夫快要回家时，同她私通的那个人非常担心，坐卧不安。那位妻子却说：‘您不必害怕，我已经准备好药酒等着他了。’过了两天，她的丈夫回来了，她指使小妾将药酒送给她的丈夫。小妾知道那是一杯毒酒，如果献上去，就要毒死自己的男主人；而讲实话，男主人就会驱逐自己的女主人。于是，她假装摔倒，把酒洒在地上。男主人大怒，扬鞭痛打了她一顿。她故意摔倒把毒酒洒掉，对上救活了男主人，对下保住了女主人。她的忠心达到了这种地步，竟然免不了一顿鞭打，她就是因为忠信而获罪的人。我的事，不幸正像那个弃酒的小妾一样。我忠心侍奉大王，出使齐国，伸张了燕国的大义并且有益于燕国，如今竟然获罪。我担心，以后侍奉大王的人，恐怕没有人再对大王讲忠信了。况且，我游说齐王，如说不出打动齐王的那番话，即使有尧、舜那样的智慧，也不能索回被齐国侵占的那10座城池。”

燕易王听罢，知道错怪了苏秦，连忙向苏秦表示歉意，仍旧像以往那样重用苏秦。

锦囊妙语

当被谗言攻击而遭到疏远时，既不动怒，也不以直言谏诤，而是以巧妙的比喻叙述那些忠而见嫌、忠而获罪的事例，以表达自己的忠心。

宽容下属的丙吉

丙吉是汉宣帝时的丞相，以知大节、识大体著称，又宽厚待人，惩恶扬善，尤其是对下属，从不求全责备。对好的下属，他大力加以表彰；对犯了过失的下属，只要是能原谅、宽容的，他都尽可能地原谅、宽容他们。

丙吉有一个车夫，驾车的技术很好，其他方面也没有什么问题，就是有一个毛病——喜欢喝酒。他经常喝得大醉，出门在外也是这样。

有一次，丙吉出门办事，带了这个车夫驾车。殊不知他这次喝得大醉，车子还在路上，他就呕吐起来，把车上的坐席都弄脏了。车夫一见自己弄脏了坐席，吓得不知怎么才好。但丙吉并没有多说他什么，只让他把车上的污迹擦干净，然后又赶车上路。

回到相府，管家知道这件事后非常生气，狠狠地训斥了车夫一顿，并向丙吉建议说：

“大人，这个车夫实在是不像话，干脆把他赶走算了！”

丙吉摇摇头说：

“不要这样做。因为他喝醉酒犯了一点小小的过失就赶走他，你让他到哪里去容身呢？他不过是弄脏了我的坐席罢了，算不上什么大罪。还是原谅他吧，我相信他自己会改正的。”

管家这才没有赶走那个车夫。车夫知道是丞相的宽宏大量才保住了自己的工作后，内心非常感激，决心报答丞相。从此更尽心尽意地赶车，酒也喝得少多了。

车夫原本是边疆人，熟知边防报急方面的事情。有一次，他在长安街上看到一名驿站的官员疾驰而过，猜想一定是边境上发生了什么紧急的事情。于是他紧跟着到驿馆里去打听消息，果然得知是匈奴入侵中郡和代郡，那里的郡守派人告急。

车夫立即回相府，把自己探听到的情况向丙吉报告。丙吉知道宣帝马上会召自己进宫商议，便叫来有关方面的部下，向他们了解被入侵地区的官员任职以及防务等方面的详细情况，思考了对策。

不一会儿，汉宣帝果然召见丙吉和御史大夫等人商议救援之事。由于丙吉事先已经知道了消息，并且有所准备，所以胸有成竹，侃侃而谈，很快提出了可行的救援办法。而御史大夫等人却是仓促进宫，一点消息也不知道，对被入侵地区的情况也不太了解，一时之间根本就说不出什么来，更不用说切实可行的救援办法了。

两相比较，对照鲜明。汉宣帝赞赏丙吉“忧边思职”，对御史大夫等人却很不满意。

退朝后，其他大臣对丙吉十分钦佩，丙吉却对大家说：“实不相瞒，今天是因为我的车夫事先打听到消息并告诉了我，使我预先有了准备。当初，他曾经醉酒呕吐，弄脏了我的车座，我原谅了他，所以他才有今天的举动。”

锦囊妙语

对他人的小过失予以理解和宽容，这样能使人感恩不已。实际上，待人以宽是让他人对自己竭诚相待的最好权术。

蒙哥马利果断授权

英国元帅蒙哥马利总结自己多年的军事指挥经验，将其指挥哲学归因于一个字——“人”。他的成功之道，最重要的因素就是用人得力。

1942 年 8 月 13 日，蒙哥马利风尘仆仆地赶赴开罗就任第八集团军司令。汽车行驶到亚历山大港外的十字路口时，他与自己的学生兼部下——德·甘岗邂逅相遇。甘岗时下正任第八军情报处处长。他们不仅有师生之谊，还有共事之情。当年在军校训练时，甘岗就对蒙哥马利新颖而大胆的讲课方式和对年轻人的乐善好助怀有敬意，而蒙哥马利所钟情的也正是甘岗这样的头脑敏捷、足智多谋、大有潜力的“可畏后生”。

当天晚上，一片凉意笼罩了沙漠的时候，刚了解了各部队基本情况的蒙哥马利就命令德·甘岗为他召集指挥官班子开会。会上，他宣布了那项大胆的计划：任命德·甘岗为第八集团军参谋长！这项计划甚至连甘岗本人都蒙在鼓里，更不用说他人了。英国陆军当时并没有参谋长这一职务，司令官需要亲自协调各位参谋官，处理各种细节问题。

蒙哥马利的前几任第八军军长都是这样做过来的，沙漠作战，事务繁杂，却都事必躬亲。结果，他们就像在森林中穿行一样，边走边剥树皮，停停走走，永远走不出树林，见不到整个树林的风貌。蒙哥马利上任之前就洞悉了这个弊端，为了能抓住关键问题，不陷入琐碎的事务中分散精力，他决定找个人来帮他。这个人必须思维敏捷、头脑清醒而果断，而且能高速度地工作，能处理好细小问题，同时他必须了解蒙哥马利并能相互沟通和理解。在来参谋部的路上，蒙哥马利一直不动声色地观察着这个老部下。他心里清楚，虽然甘岗工作时能高度紧张且非常机敏，但他平素喜好杯中之物、讲究衣食，与自己的生活习惯大相径庭。如此性格、脾气相去甚远的两个人，能成为最好的搭档吗？蒙哥马利作了认真的权衡，终于确认这些差异并不重要，也许两个人还能因此相得益彰呢，再也没有人比甘岗更适合了。

于是这一任命就在连甘岗本人都未预先知晓的情况下宣布了。蒙哥马利宣布时，全场寂静！全体参谋人员都清楚地意识到了这项任命的严肃性。蒙哥马利的用人是正确的，以后的作战实践证明了甘岗是一位杰出的军事参谋家。可以说在北非战场上，没有德·甘岗，也就没有蒙哥马利的辉煌。

锦囊妙语

因事设人的谋略是同因人设事的谋略针锋相对的一条御人策略。在御人行为中，必须根据管理者活动的需要，有什么事要办，就设什么岗位，就用什么人。

不计私仇的齐桓公

战国时，齐国的齐襄公有公子纠和公子小白两个弟弟，他们各有一个很有才能的老师。齐襄公十分荒淫，公子纠便随老师管仲去鲁国避难，公子小白则跟老师鲍叔牙去了吕国。

后来，齐襄公在内乱中被杀，大臣们派人到鲁国去接公子纠回国当国君。鲁庄公亲自带兵护送公子纠回国。公子纠的老师管仲担心公子小白抢先回国夺取君位，因为公子小白所在的吕国离齐国较近，他得到鲁庄公同意，先带了一批人马去拦截公子小白。

管仲带人赶到即墨附近时，果然发现公子小白正往齐国去。管仲上前劝说公子小白别回去，但小白听不进去，管仲便向小白偷射了一箭。小白立刻倒下，管仲以为他死了，于是不慌不忙地回去护送公子纠返齐。

然而，公子小白没有死，鲍叔牙救了他，并赶在公子纠之前回到了齐国，说服大臣立公子小白为国君，即齐桓公。

公子纠在鲁国军队护送下赶到齐国时，齐、鲁两国打了起来，结果鲁军大败。鲁庄公被迫同意齐国的要求，逼死公子纠，把管仲抓起来。但齐国提出，管仲射过齐桓公一箭，要报一箭之仇，将他押送回齐国，由齐桓公亲自处置。鲁庄公只得同意。

在被押往齐国的路途中，管仲吃了不少苦头。到了绮乌时，管仲去向那里的官员要饭吃。一位官员跪着把饭端给管仲，十分恭敬地等他把饭吃完，然后问道："要是您回到齐国没有被杀而受到重用，将来怎么报答我?"

管仲回答说："如果我真的受到重用，我要任用贤明有才能的人，奖赏有功的人。我能拿什么来报答你呢?"那位官员听了这些话，心里很不满意。

管仲被押到齐国后，没想到受到鲍叔牙的亲自迎接，而齐桓公不仅没有报一箭之仇，反而让管仲当上了相国。鲍叔牙则甘愿做管仲的副手，因为鲍叔牙知道管仲的才能远在自己之上，才说服了齐桓公这样做。

锦囊妙语

> 要任用贤明有才的人，需要宽阔的胸襟和气度。鼠肚鸡肠，容不得异己的人，成不了大气候。

大智若愚的陈平

在待人处事中，许多时候表现得糊涂一点，往往比过于聪明更有利。糊涂的技巧是一种做人的智慧，当然这是指小事情的小糊涂。如果一切皆明白于心，恐怕也会心生烦乱，干扰工作。其实，巧妙地糊涂更是一种真聪明，不但会给各种繁杂的事情涂上润滑油，使得其顺利运转，也能在生活中充满笑声，显得轻松明快；相反，老实认真只会导致呆板，甚至使事情陷入僵局。苏东坡说："大勇若怯，大智若愚。"大智若愚既是一种人生的最高修养，也是一种做人的大智慧。

汉代丞相陈平素以品行端正著称，且才智过人。但他明白糊涂策略的真谛，该糊涂时巧装糊涂，他曾两次装糊涂。而这两次的糊涂却为稳定汉室江山起到了不可小视的作用，一直被世人称道。

汉高祖刘邦当上皇帝后，把自己诸多的儿子都分封为王，各据一方。在他临死时又召集列侯群臣于病榻前郑重嘱托："此后非刘姓不得封王，如违此约，天下共诛之。”他撒手归西后，就把皇位传给了太子，即汉惠帝。可惜这位年轻皇帝登基后不久就病逝了。作为生母的吕后，当皇帝的儿子死了，于国于家都是伤心事，理应悲痛难忍。可是在为汉惠帝发丧时，这位母亲只是干嚎，没有眼泪，还不时用眼偷看在场的大臣们。丞相陈平一时不解，张良的儿子张群悄悄地对他说：“驾崩的皇上眼下没有年纪大的儿子，幼主登基，太后担心大臣们不服管制，若是丞相请太后定夺，让吕氏之吕产、吕召、吕锋为将，统帅京城禁军，掌握大汉重权，我想太后就会安心了。”

丞相陈平从大局出发，为稳定时局，安定人心，照张群的建议做了，吕后果真动情恸哭起来。可是，吕后并不甘心于她的家族兄弟只作为将，在诸吕掌握朝中大权后，得寸进尺想封诸吕为王。刘邦临终前曾当众立遗言：“非刘姓汉室子弟而称王，天下共诛之。”如今吕后要这样做，明显是要变刘姓汉室为吕氏天下了，面对这种明目张胆的越轨行为，该怎么办？

右丞相王陵为人正直，敢于直言，而且他是刘邦的同乡，当吕后征求他的意见时，他态度异常坚决地说：“高帝宰白马。和大臣立盟约，非刘氏而王，天下共诛之。今封诸吕为王，违反盟约。不可！”

吕后听了，很不高兴，又去问左丞相陈平，陈平却是不假思索地说：“高帝平定天下，封自己的子弟为王，如今太后执掌朝政，封自己的弟兄为王没有什么不可以的。”太后大喜，于是择日封吕召为东平王，吕禄为西平王，吕产为中平王。

右丞相王陵见陈平欣然同意吕氏分封三王，十分愤怒，但又无能为力，于是转而责备陈平：“当初与高帝歃血为盟，你难道不在场吗？现在高帝去世，太后要封诸吕为王，你却阿谀逢迎，违背了盟约，还有什么面目见先帝呢？”陈平却是不急不躁，用坚定的语气回答道：“眼下你在朝廷据理力争，我不如你，至于保住刘氏宗庙，安定刘氏天下，你恐怕会不如我。”

陈平明明知道刘邦的遗嘱，为什么还要同意吕后的要求？是胆小怕事、贪生怕死吗？非也！他把自己的真正意图隐藏起来，等到时机成熟时，再举事发难。眼下的迎合只是暂时的，眼下的牺牲是局部的，等待时机保住根本、保住大局则是真实的目的。

锦囊妙语

聪明是一笔财富，关键在于怎么使用。真正聪明的、有智慧的人会恰到好处地使用自己的聪明和智慧，做到深藏不露，不到火候时不会轻易使用。

汉景帝替换太子

汉景帝即位的第二年，太皇太后死了，薄皇后也跟着遭到了厄运。景帝从来就不爱这个皇后，是由祖母做主婚配的，看在太皇太后的面上，才维持着皇后的名位。太皇太后一死，景帝立即反攻倒算，借口薄皇后没有生育，不配正位中宫，把她废黜了。

中宫虚位以待，大家都在猜测，谁最有希望继承宝座。欲火烧得最旺的莫过于栗姬了。她想，皇帝曾同自己有约，生子当立为储，何况儿子刘荣又是长子，一旦儿子被立为太子，皇后宝座则非己莫属。但是，很快她就发现，王美人大有后来居上的趋势。王美人为达目的，设法施尽各种歪招，即使引火烧身也在所不辞。

封建王朝，把立太子视为国本，异常重视。景帝也一样，为此事用心良苦。在刘荣和刘彻之间，谁取谁舍，他颇费踌躇。立长子本来顺理成章，但刘彻相貌英武，聪明可爱，他想改立刘彻，又怕栗姬哭闹，更怕众大臣反对。

这件事一拖就是两三年，到前元四年（公元前 153 年）在大臣们的一再催促下，加上栗姬用足了功夫，才说动他下决心册立刘荣为皇太子，同时，又封才 4 岁的刘彻为胶东王。栗姬暂时领先，她以为做了太子母，坐上皇后宝座，领衔六宫粉黛便是指日可待的事情了。立太子的第二年夏天，一天午后，王美人略感身子不适，懒洋洋地躺在绮兰殿休息。忽听宫女来报："长公主驾到！"她一骨碌翻身坐起，整了整衣衫云鬓，打起精神出门迎接。

馆陶长公主刘嫖，是汉景帝的同胞姐姐，因姐弟之间从小亲昵惯了，景帝即位之后，她仍经常出入宫闱。窦太后的宠爱，景帝的纵容，使这位长公主在汉宫中成为一个不可小视的人物。王美人进宫之后，十分巴结长公主，两人关系日益亲密，竟至无话不说。

这天，长公主进宫看望王美人，还带着女儿陈娇。刘嫖的丈夫陈午是开国功臣陈婴的孙子，袭爵堂邑侯。王美人一看到陈娇，便极口夸奖陈娇聪明美丽，又命内侍领出儿子刘彻，让两个小孩作伴一起玩耍。

叙了一会，不觉已是黄昏。长公主起身告辞，看见窗外院子里，一对幼童依偎在鱼池边，唧唧哝哝，十分亲密的样子，她不禁脱口而出："好一对佳儿佳媳！"王美人一听，乘机说道："阿娇堪配太子为妃，只恐我儿无福，不能得此佳妇。"这句话，王美人是故意说给长公主听的。果然，长公主沉下了脸，冷笑着说："废立乃是常事，焉知太子名位已定？她既不识抬举，我也顾不得许多了！"

原来，不久前长公主曾向栗姬提亲，欲把陈娇许配给太子刘荣，但被栗姬婉言谢绝了。长公主提出："把阿娇许配胶东王刘彻吧，看他俩青梅竹马多要好！"王美人正中下怀，一口答应下来。

景帝起初不太同意这门婚事，认为刘彻年纪还小，况且阿娇还比刘彻大几岁。但到后来禁不住王美人在耳边吹风就同意了。

一天，窦太后在长乐宫举行家宴，为入朝觐见太后的梁王洗尘，景帝和长公主也陪坐在侧。席间，太后问起册立皇后之事因何迟迟未决。景帝答道："拟立栗姬为后，不日即行册后大典。"长公主一听急了，连忙进谗道："栗姬生性忌妒，独宠后宫，容不得皇帝召幸别的美人。每与诸夫人会面后，往往以恶语相咒。"太后素来相信自己的女儿，便训诫景帝说："若得此悍妇为后，恐又重演'人彘'惨祸了！"景帝听了也有些动心。

散席后，他到栗姬住的宫院，故意用话试探栗姬道："朕千秋万岁之后事，后宫诸位夫人若有生子者，你将如何对待？"栗姬这几天正因长公主同王美人联姻一事不高兴。她生性嫉妒，当初拒绝长公主就是因为恨她经常把美人进献给景帝，不料王美人乘机捞了外快，她预感到自己已处于不利的地位。今见景帝问这话，她猜想一定有人在背后说了她什么，不由得心中恼火，脸上露出怒色。

景帝等了好久，见她拉长了脸，不理不睬，十分气恼，咳了一声，拔脚就走。随后他好像听见身后传来怒骂声，更加生气。从此，他就不再走进栗姬的宫院。

长公主处心积虑让王美人当上皇后，常常进宫在景帝面前说她母子的好话，无非是讲王美人如何谦虚有德，胶东王如何聪明仁孝。加上后宫妃嫔宫人，大多受过王美人的好处，众口皆碑，使景帝越发相信王美人的贤德了。

一年多过去了，册后之事仍然悬而未决。忽然有一天，大行礼官上殿奏请，说是母以子贵，如今太子生母栗姬尚无位号，应立即册为皇后。景帝一听大怒，斥道："如此大事，岂是你们这些人议论的？"他怀疑是栗姬指使礼官提出来的，竟不容分说，立即下诏将刘荣的太子废掉，贬为临江王。太子的师傅、魏其侯窦婴等再三劝谏，说太子并无过失，废之不当。景帝就是不听。他一向刚愎自用，最讨厌别人对他提什么建议，更何况此时的他，已对栗姬怀有深深的恶感了。他哪里会想到，这件事又是王美人搞的鬼。

王美人蓄意争夺宝座，谋划在胸，她见长公主多次进谗，景帝日渐怨怒栗姬，知道已到火候，于是又使出一计，派心腹太监去找大行礼官，嘱他向皇帝奏请立栗姬为后，以此激怒景帝。果然一举成功。

多时失宠的栗姬已经抑郁不欢，儿子被废，使她受到沉重打击，从此一病不起。

前元七年（公元前150年）四月，刘荣被立为太子三年之后，景帝又下一道诏书废黜，同时册立王美人为皇后，胶东王刘彻为皇太子。诏书一下，犹如一道催命符，立即要了栗姬的命。

锦囊妙语

在暂时不得势时，不着急从正面强攻，而是迂回到侧面进攻，往往会收到出人意料的奇效。

隋文帝不计前嫌

“金无足赤，人无完人”，凡为人，都有自己的短处，也都会犯错误。有过则罚，不罚不足以明事理；有过不纠，对犯错者本人也没有益处。改过则用，不用就是一棍子打死，就是对人才的一大浪费。隋文帝杨坚在对苏威的使用上，基本上就使用了这一用人原则。

苏威是隋初著名的宰相，他在任职期间多有惠政，为世人所称道，但是当初隋文帝杨坚发现和使用苏威这个人，并不是件很容易的事。

苏威很早就有才名，但是一直没被朝廷重用。杨坚在做北周丞相时，高大将军曾屡次推荐苏威，陈述苏威的才能。杨坚把苏威召来后，引到卧室内交谈，两个人谈得很投机。后来苏威听说杨坚要废周立隋，自己要称帝，就逃回到家里，闭门不出。高大将军要追他回来，杨坚说：“他现在不想参与我的事，先让他去吧。”

杨坚即位后，苏威又出来辅佐他，杨坚不计前嫌，授苏威为太子少保，追赠苏威的父亲为都国公，让苏威承继父爵，不久又让苏威兼任纳言、民部尚书两职。苏威上书推辞，杨坚下诏说：“大船承载重，骏马奔驰远。你兼有多人的才能，不要推辞，多干事情吧。”由此可见杨坚对苏威的信任。

苏威曾主张减免赋税，杨坚听从了他的主张，这一政策深为百姓喜欢，因此苏威也更受杨坚的宠信。杨坚让苏威与高大将军一起参掌朝政，苏威见宫中帘幔的钩子都是用银子做的，就主张换用其他材料，要节俭从事，受到杨坚的赞赏。有一次，杨坚对一个人发怒，要杀那个人，苏威进谏，杨坚非但不听，反而更加生气。过了一会儿，杨坚的怒气消了，对他的进谏表示感谢，并说：“你能做到这样，我确实没看错人。”

当时的治书侍御史梁毗因为苏威身兼五职，并没有举荐其他人的意思，就上书弹劾苏威。杨坚对他说：“苏威虽然身兼五职，但始终孜孜不倦，志向远大。而且职务有空缺时才能推举别人，现在苏威很称职，你为什么要弹劾他引荐别人呢?”有一次，杨坚还对朝臣说：“苏威遇不到我，就不能实行他的主张；我得不到苏威，就不能行大道。杨素舌辩之才当世无双，至于斟酌古今、审时度势、帮助我治理国家方面，他却比不上苏威。”

开皇十二年（公元592年），有人告发苏威和主持科举考试的官员结为朋党，任用私人。杨坚让蜀王杨秀审察这件事，结果是确有其事。杨坚指出《宋书·谢晦传》中涉及朋党故事的地方，让苏威阅读。苏威很害怕，免冠谢罪。杨坚说：“你现在谢罪已经太迟了。”于是免去了苏威的官职。

后来有一次议事的时候，杨坚又想起了苏威，他对群臣说：“有些人总是说苏威假装清廉，实际上家中金玉很多，这是虚妄之言。苏威这个人，只不过性情有点乖戾，把握不住世事的要害，过于追求名利，别人服从自己就很高兴，违逆自己就很生气，这是他最大的毛病。别的倒没什么。”群臣们也都同意，于是杨坚又重新起用了苏威。苏威果然不负众望，对隋朝忠心耿耿，竭尽职守，一直到死。

锦囊妙语

“人非圣贤，孰能无过。”但不能因过而抹杀了有过者的长处。聪明的用人者应罚其过而用其才。

李渊恕过用李靖

一般的用人者，都希望手下之人有功，不愿其有过，不容其有过。然而善于用人者，却能利用手下人的过错，化消极为积极充分调动手下人的积极性，唐高祖便是如此。

李靖青年时就颇有文才武略，他常对亲近的人说：“大丈夫若生逢其时，遇到明主，必当建功立业，以取富贵。”他的舅父韩擒虎是一代名将，每次与他谈论军事，都连声称善，抚摸着他的后背说：“能和我在一起谈论孙子、吴起兵法的，只有这个人啊！”

李靖初仕隋，任长安县功曹，后任驾部员外郎。左仆射杨素、吏部尚书牛弘都与他相友善。杨素曾经抚摸着自己的坐椅说：“你终究要坐在这个位置上。”

隋炀帝大业末年，李靖任马邑君丞。适逢高祖李渊在塞外攻击突厥，李靖访察高祖的行动，知道高祖有夺取天下之志，便要向隋炀帝密告高祖李渊预谋造反的事。他将要前往江都（今江苏扬州），到了长安（今陕西省西安市），因为道路阻塞不通而停下来。高祖攻破京城长安，擒获了李靖，要将他斩首，李靖高喊道：“您起义兵，本来是为天下人除暴乱，想成就大事业，却因为个人恩怨而要斩杀壮士吗？”高祖认为他言辞雄壮，太宗又坚持为他说情，于是高祖就饶恕了他。不久，太宗将李靖召入幕府。

唐高祖武德二年（公元619年），李靖随太宗讨伐王世充，因立下大功被授开府之职。当时，萧铣占据荆州（今湖北江陵），高祖派李靖前去安抚他。李靖率轻装的骑兵到达金州（今陕西安康），遇到南方少数民族首领所率领的数万蛮兵驻扎在山谷，庐江王李瑗率军前去讨伐，屡次被蛮兵击败。李靖为李瑗设计攻击蛮兵，多次取胜。李靖率军到达硖州（一作峡州，今湖北宜昌），被萧铣的军队阻遏，长时间不能前进。高祖因为李靖在中途长时间滞留而大怒，暗中命令硖州都督许绍将李靖斩首。许绍爱惜李靖的才能，为他请命，于是李靖才得以免除死罪。适逢开州（今四川开县）蛮兵首领冉肇则造反，率领蛮兵进攻夔州（今四川奉节县东），赵郡王李孝恭与蛮兵交战失利。李靖率领8万精兵，突袭蛮兵营寨，然后又在地势险要之处设下埋伏，蛮兵果然中计，交战中，李靖将蛮兵首领冉肇则斩首，俘获蛮兵5000余人。高祖闻讯，非常高兴，对众朝臣说：“我听说，使功不如使过，李靖果然发挥了他的重要作用。”于是，高祖降旨慰劳李靖说：“你竭诚尽力，功劳极其显著。我远在都城，已看到你的至诚之心，特予赞扬、奖赏，请勿担忧不得富贵。”又亲笔给李靖写书信道：“我对你既往不咎，过去的事，我早就忘了。”

李靖接到嘉奖诏书及高祖的亲笔信之后，深受感动，更加竭忠尽智报效国家，以谢高祖知遇之恩。

锦囊妙语

士为知己者死，因此“使功不如使过”是一条值得借鉴的知人用人之道，对有过者，宽容之，信任之，使用之，就可使之产生感激之情，从而发挥自己的聪明才智，将功补过。

勇于认错的汉武帝

汉武帝是个对中国历史作出过重大贡献的帝王。然而，在他统治期间，由于发动了一场长达30多年的对外战争，造成人民的沉重经济负担，造成将士的巨大牺牲，造成各类矛盾的不断激化。因此，汉武帝统治的晚年，出现了小规模的农民起义和铁官徒的暴动。在统治集团内部，出现了像“巫蛊之狱”这类宫廷内部的争斗。这些，对处于内外交困之中的武帝来说，构成了促使他改弦更张的催化剂。

“巫蛊之狱”的起因是武帝晚年体弱多病，酷吏江充说这是因为宫中有“蛊气”隐藏着，武帝便指派江充清查，江充率领一批人到宫中到处查找，终于在卫皇后和太子刘据宫中，掘出许多埋着的木人，江充硬说“蛊气”就是从这里来的。

江充以惯于酷烈手段打击皇族和高级官僚而著名。本来他是赵王刘彭祖的门客，因为检举刘彭祖之子刘丹乱伦而被武帝看中，以后就专门吃这行饭，而且专门和卫皇后这条线上的人对着干。

太子刘据受到诬陷，有口难辩，于是先下手把江充拘押起来。有人将此事向武帝奏报，说是太子要造反。武帝便令丞相刘屈牦前往捉拿太子。太子刘据只得出逃，路上与丞相所率兵力交战三天三夜，终于力不能支，又临时组织力量抵抗了两天后逃出长安城。城里，武帝大怒，致使卫皇后交出玺绶自尽，卫氏家族自杀的自杀，坐牢的坐牢。太子刘据眼见走投无路，在被地方官追捕途中也自尽。

过了一段时间，传来消息说，正受武帝宠爱的李夫人的兄弟贰师将军李广利在率兵讨伐匈奴时，向匈奴投降。由此引起武帝对李夫人这股势力的注意。政治形势一翻过来，立即有人出来揭发，说刘屈牦、江充等人都属李夫人一党，互相都有牵连；又说李广利、刘屈牦还阴谋立昌邑王为太子；还说当年的“巫蛊之狱”完全是江充带人事先把木人预埋在宫中，对卫皇后和太子刘据加以陷害。武帝听了，颇有追悔之意。事情已经发生了，再追悔也没用了。

恰在这时，搜粟都尉桑弘羊上书，请求在西北边陲轮台扩大屯田5000多公顷，以就地解决军粮，加强边陲战事准备，以扩大战争。武帝想起国内这一系列的事变，农民起义，流民增加，朝廷内讧，再扩大战争，事态将更加严重。于是，他下了一道历史上著名的“轮台罪己诏”。其中说：“轮台又要新增屯田，加设亭障，这必将成为扰民之政，朕不愿再看到这种情况。眼下当务之急，在于把苛政杂赋加以禁止，休养生息，与民休息。”

虽说这道“轮台罪己诏”下得晚了一些，但有比没有要好，明白了比坚持错误主张好。一个帝王，在晚年能够如此面对现实，承担责任，扪心自责，并加以改弦更张，这的确是需要具备一定勇气的。这样的情况，在历代帝王中并不多见，后人也认为颇为难能可贵。

锦囊妙语

人不是神，不可能不犯错误。只要能认识错误，及时改弦更张，就能把因为自己的失误造成的损失减低到最低限度。

波音公司量才用人

对于企业来说，要想取得骄人的成绩，就必须有一位好的领头人；要选择一位好的领头人，首先要善于任人。波音公司在这方面的做法，值得借鉴。

早在1976年，威尔逊就着手物色继任者。一位名叫比尔·巴顿的董事建议他制订一份波音高层主管的发展计划，以挑选出波音的未来领导人。按照这个计划，威尔逊首先列出了包括十几个人在内的候选人名单，将可能的人选任命为自己的副手，并给他们施加压力，使之经受实际工作的考验。

这时，一些客户特别是一些大的航空公司，也在通过各种途径影响波音公司，希望能够挑选自己熟悉的人进入领导班子，成为最高主管。但是威尔逊不为所动，他坚决地按照唯才是用的原则，不管是谁，只要干得好、工作有成绩，就提拔、任用，杰克·史达培曾经担任过董事长，但是在实际的选择考核中成绩不十分突出，最终被威尔逊从候选人名单中排除了。这样经过近10年的筛选，最后候选人名单上只剩下两个人：简·桑特和弗雷特·冯茨。两人都来自美国的爱达华州。桑特的专长是工程，而冯茨的专长是企划。

能干不能干，实践中干干看。威尔逊决定在实践中去检验一下两个人的能力。他先找到了桑特：

“嘿，桑特，你先暂时离开767专案组，来总部搞企划，好吗？”

“没问题，威尔逊先生，我明天就来总部。”桑特没有考虑就立即答应下来。威尔逊接着又把电话接到了弗雷特·冯茨那里。

“冯茨，准备一下，公司决定让你暂时离开企划部去管理707、727和737部门。”

“可是，我根本不了解那儿的情况。”冯茨提出了疑问。

“你是害怕承担责任吗？”威尔逊皱起了眉头。

“不，当然不是。威尔逊先生，我只是认为不应当冒险承担失败。”冯茨果断地回答。

威尔逊的眉头舒展开来，他故意用生气的口气说：

“公司已经决定了，你努力去做吧！”然后挂上了电话。

当然了，只凭这一点是不能对两人的高低做结论的。在一个不熟悉的部门是否能有出色的表现才是至关重要的，威尔逊等待着结果。

结果令迪·威尔逊大失所望，不是两人表现太差，而是他们表现得都太出色了。冯茨在管理707、727和737部门时，成功地开发了737～300型机，这种飞机为波音赢得了大量的订单。后来，冯茨又被派到民用机集团做飞机销售工作，他以律师的雄辩口才，在各类谈判中屡建奇功，在与空中客车公司、道格拉斯等的市场争夺战中，为波音立下了汗马功劳。同样，在企划部门工作的桑特也取得了出色的成绩。

在波音的天平上，桑特和冯茨都有同样的分量，但作为未来的领导人，二者只能择其一，到底选谁呢？如果采取扔金币的方法，实际上扔中任何一面都是光闪闪的，因为两面都是真金。无论是确定谁做主管，都只是猜单双的概率，这对失败者是不公平的。

波音是个技术人才密集的地方。工程师管理工程师，内行管理内行，自然不会有问题；但律师管理工程师，外行管理内行，实践证明也同样可行。这方面波音公司是有过先例的，律师出身的比尔·阿伦已经出色地管理了波音1/4个世纪。

两位帅才，究竟谁登宝座呢？

在波音，董事会更倾向于冯茨，认为他是个充满活力而又谨慎的领导者，能准确地把握住时代的脉搏。而且冯茨还有其无可匹敌的优势，那就是他曾经在五角大楼任职，与军方的关系较为密切。这是波音的董事们比较感兴趣的，因为波音与军方的渊源已经很久了，军方的订单曾经是波音的血脉，对波音来说是至关重要的。而波音内部则对雷厉风行且又颇具个人魅力的桑特充满信心，认为他肯定能战胜平时文质彬彬的冯茨，甚至于连冯茨也看好桑特。

谜底终于在1985年元月的一天揭开了。这一天，波音召开了董事会，宣布主席的最后人选。

当冯茨走进会议室时，他看见桑特和几位提名委员会的委员一同走进了威尔逊的办公室。冯茨心想：大局已定，桑特已成人选。但他还是轻松地坐了下来，因为他认为这一切都在意料之中，但是不一会儿，威尔逊出来宣布："董事会决定任命冯茨为董事会主席！"

冯茨一下子愣住了，反问道："怎么会是我？"

一个近10年的挑选接班人的工作，终于在这个时候落下了帷幕。现在波音公司要由这位来自爱达华州的律师接手了。

事实证明，冯茨确实是个出色的领头雁，在他的带领下，波音公司开始走向辉煌。订单在逐年上升，1986 年和 1987 年都保持了 300 多架的订单额。1988 年上升到 632 架，而 1989 年达到了 883 架，订单总计金额达到 1000 多亿美元的天文数字。而最初由于公司内部的劳资不和引起的生产速度慢和产品质量低劣等问题，也随着冯茨推行的改革措施而得到了解决。

可以说波音公司的发展离不开领头雁的作用，他们是波音的掌舵人。在一定程度上，波音的命运就掌握在他们的手里。波音公司的沉浮与这些领头雁们有着至关重要的关系。

从首任当家人、波音公司的创始者威廉·波音先生开始，波音先后有过几个当家人，每个当家人的背后都有着传奇的故事。继承威廉·波音先生事业的是斐尔·强森，他曾因故一度出走加拿大，之后有克莱尔·艾青维特，他是一位航空动力学专家。在第二次世界大战时，强森又回到西雅图领导波音走出了二战时期的低谷。然后再传至律师出身的比尔·阿伦，他领导波音进入到喷气机时代并且攀升到航空工业的领袖地位。比尔·阿伦选下的接班人是航空工程师出身的梯·威尔逊。这位冒险家式的人物领导波音走出了 17 个月卖不出一架飞机的艰难，使波音公司岿然屹立在航空业的顶峰之上……

锦囊妙语

> 人才不是全知全能的完人，但各有特点和所长。领导的责任，就是按照他们这些不同的长处和特点，量才使用。

欲擒故纵的晋悼公

晋厉公从鄢陵回来后，打算铲除周围的所有大夫，另立宠信之人于左右。这便激起了近臣们的不满。公元前 573 年春季，晋厉公被杀。随后，荀费、士鲂到周王室的京城迎接公子周回来做君主。

公子周当时才 14 岁，虽然很年轻，却很有政治头脑。他有一位哥哥，是个白痴，连豆子和麦子都分不清。因此，他知道肯定不会立其哥哥为国君，国君之位，非他莫属。但是，他却装出一副很不情愿当君主的样子。当晋国大夫们到清原去欢迎他时，他当即对大夫们说："我并没有想到要做国君，现在既然到了这一步，恐怕也是天意的安排。人们要求拥立国君，就是为了让他发号施令。如果立他为君而又不听从他的命令，那么要他有什么用呢？你们诸位今天要想立我也可以，不想立我也可以，恭敬而又听从君命，那就是神灵所赐的福气了。"接着，他要求众大夫当场表明态度。大夫们都表示听从他的命令，于是公子周在武公庙里接受了群臣的朝贺，正式当上了国君，即晋悼公。

晋悼公一上台，便开始整饬内政。任命魏相、士鲂、魏赵武为卿，荀家、荀会、栾书、韩无忌为公族大夫，让他们教育卿的子弟知道恭敬、节俭、孝顺、友爱。任命士渥为太傅，负责修订士会制定的兵法。任命贾辛为司空，负责修订士会制定的法令。由弁纠驾车，掌马之官也归他管辖，让他教育御者要懂得礼仪。荀宾担任车右，所有的车右都归他管理，让他教育勇士们要及时效力。各军主帅和副帅没有固定的御者，设有专门军官统管此事。任命祁奚为中军尉，羊舌赤为副职；任命魏绛为司马，张老为侯奄之官。任命铎遏寇为上军尉，籍偃为司马，让他训练步兵和车兵，做到步调一致，听从命令。任命程郑为乘马御之官，六种马官归他管辖，让他教育马官懂得礼仪。

由于悼公在即位之前向群臣打了招呼，同时任命的也都是才能称职、德行称佳之人，从而上下一心，得到民众的拥护，为悼公"复霸"打下了基础。

锦囊妙语

运用半推半就的谋略，一来可以试探出对方是否真心拥护自己，二来可以套牢对方，因为既然是你们大家拥戴我，那么今后就要服从我的命令。

借刀杀人的唐代宗

唐代安史之乱爆发，唐玄宗在西逃过程中，太子李亨在群臣拥护下，于灵武即位，是为肃宗。在艰难之际，肃宗之子李豫、李琰立有大功，其正妻张皇后及宦官李辅国因拥立有功而相表里，专权用事，谋废李琰，拥立李豫为太子。

在争权过程中，张皇后与李辅国发生冲突。公元762年，肃宗病重时，张皇后召太子李豫入宫，对他说："李辅国久典禁兵，制敕皆以之出，擅逼圣皇（唐玄宗），其罪甚大，所忌者吾与太子。今主上弥留，辅国阴与程元振谋作乱，不可不诛。"太子不同意，张皇后只好找太子之弟李系谋诛李辅国。此事被另一个重要宦官程元振得知，密告李辅国，而共同勒兵收捕李系，囚禁张皇后，惊死肃宗，而拥立太子继皇帝位，是为唐代宗。

李辅国拥立代宗，志骄意满，对代宗说："大家（唐人称天子）但居禁中，外事听老奴处分。"听到这种骄人的口气，代宗心中不平，因其手握兵权，也不敢发作，只好尊他为"尚父"，事无大小皆先咨之，群臣出入皆先诣。李辅国自恃功高权大，也泰然处之，孰知代宗除他之心已萌。

在拥立代宗时，程元振与李辅国合谋，事成之后，程元振所得不如李辅国多，未免有些怨恨，这些被代宗看在眼里，也记在心上。于是他决定利用程元振，乘机罢免李辅国的元帅府行军司马之职，以程元振代之。

李辅国失去军权，开始有些害怕，便以功高相邀，上表逊位。不想代宗就势罢免他所兼的中书令一职，赏他博陆王一爵，连政务也给他夺去。此时，李辅国才知大势已去，悲愤哽咽地对代宗说："老奴事郎君不了，请归地下事先帝！"代宗好言慰勉他回宅第，不久，指使刺客将他杀死。

代宗用间其首领的方法，很快地除掉李国辅，但又使程元振执掌禁军。程元振官至骠骑大将军、右监门卫大将军、内侍监、邠国公，其威权不比李辅国差，专横反而超过李辅国。程元振不但刻意陷害有功的大臣将领，而且隐瞒吐蕃入侵的军情，致使代宗狼狈出逃至陕南商州。一时间，程元振成为“中外咸切齿而莫敢发言”的罪魁。因禁军在程元振手中，代宗一时也不敢对他下手。就在此时，另一个领兵宦官、观军容处置使鱼朝恩领兵到来，代宗有了所恃，便借太常博士柳伉弹劾程元振之时，将程元振削夺官爵，放归田里，算是除掉程元振的势力。

程元振除去，鱼朝恩又权宠无比，擅权专横亦不在程元振之下。如果朝廷有大事裁决，鱼朝恩没有预闻，他便发怒道：“天下事有不由我乎！”已使代宗感到难堪。鱼朝恩不觉，依然是每奏事，不管代宗愿意不愿意，总是胁迫代宗应允。有一次，鱼朝恩的年幼养子鱼令徽，因官小与人相争不胜，鱼朝恩便对代宗说：“子官卑，为侪辈所陵，乞赐紫衣（公卿服）。”还没有得到代宗应允，鱼令徽已穿紫衣来拜谢。代宗此时苦笑道：“儿服紫，大宜称。”其心更难平静，除掉鱼朝恩之心生矣。借一宦官除一宦官，一个宦官比一个宦官更专横，这不得不使代宗另觅其势力。代宗深知，鱼朝恩的专横，已经招致天下怨怒，苦无良策对付。正在此时，身为宰相的元载，“乘间奏朝恩专恣不轨，请除之”。代宗便委托元载办理剪除鱼朝恩的事，又深感此计甚为危险，便叮嘱道：“善图之，勿反受祸！”元载不是等闲之辈。他见鱼朝恩每次上朝都使射生将周皓率百人自卫，又派党派羽皇甫温为陕州节度使握兵于外以为援，便用重贿与他们结纳，使他们成为自己的间谍，“故朝恩阴谋密语，上一一闻之，而朝恩不之觉也”。有了内间，就要扫清鱼朝恩的心腹。元载把鱼朝恩的死党李抱玉调任为山南西道节度使，并割给该道五县之地；调皇甫温为凤翔节度使，邻近京师，以为外援；又割兴平、武功等四县给鱼朝恩所统的神策军，让他们移驻各地，不但分散神策军的兵力，还将其放在皇甫温的势力控制下。鱼朝恩不知是计，反而误认为是自己的心腹居驻要地，又扩充了地盘，也就未防备元载，依旧专横擅权，为所欲为，无所顾忌。

李抱玉调往山南西道，他原来所属的凤翔军士不满，竟大肆掠夺凤翔坊市，数日才平息这场兵乱。军队不听话，根源在于调动，鱼朝恩的死党看出不妙，便向鱼朝恩进言请示，鱼朝恩这才感觉有些不好，意欲防备。可是，当他每次去见代宗时，代宗依然恩礼益隆，与前无异，便逐渐消除了戒备之心。

一切准备就绪，在公元770年的寒食节，代宗在宫禁举行酒宴，元载守候在中书省，准备行动。宴会完毕，代宗留鱼朝恩议事，开始责备鱼朝恩有异心，图谋不轨，谩上悖礼，有失君臣之体。鱼朝恩自恃有周皓所率百人护卫，强言自辩，“语颇悖慢”，却不想被周皓等人擒而杀之。宫禁中所为，外面不知。代宗乃下诏，罢免鱼朝恩观军容等使，内侍监如故；又说鱼朝恩受诏自缢，以尸还其家，赐钱600万以葬。尔后，又加鱼朝恩死党的官职，安顿禁军之心，成功地翦除了鱼朝恩的势力。

代宗借元载之力除掉鱼朝恩，元载“遂志气骄溢；每众中大言，自谓有文武才略，古今莫及，弄权舞弊，政以贿成，僭侈无度。”久而久之，自然也招致代宗不满，代宗曾对李泌说：“元载不容卿，朕匿卿于魏少游所。俟朕决意除载，当有信报卿，可束装来。”元载也非善辈，有所耳闻，深知代宗对他有成见，便深谋自固。他内与宦官董秀相勾结交通，借以刺探代宗的意向；外使百官论事自告长官，长官告之宰相，再由宰相上闻，欲控制各方面的信息，尤其是不利于自己的信息，更是上下其手匿而不闻。

以此，元载居相位15年之久，“权倾四海”之后，也不免“恣为不法”。于是“货贿公行”，“侈僭元度”，家中“婢仆曳罗绮者一百余人”，贪污更甚，家中仅调味用的胡椒就有800石之多。

10余年的宰相，其势力也是盘根错节的，代宗“欲诛之，恐左右漏泄，无可与言者”，于是找自己的舅舅吴凑密谋。在公元777年，代宗先杖杀董秀，断绝元载内延信息通道；然后命令吴凑前往政事堂收捕元载及其党羽，逼令元载自杀，又除去了元载势力。

锦囊妙语

在对方势力强大时，利用第三方的力量消灭对手是常用的，也是有效的权术之一。

坚持己见的明神宗

万历九年冬的一天，明神宗朱翊钧到慈宁宫去拜见太后，看到宫女王氏颇有几分姿色，一时兴起，便在宫中临幸了王氏。王氏由此得了身孕。后宫规矩，宫女承宠，必有赏赐，文书房内侍记下年月时辰及所赐物品以备查验。当时明神宗因为此事发生在慈宁宫，有些忌讳，事后并未赏赐，文书房内侍也不敢提什么赏赐的事，只是记下了年月时辰。

第二年四月，明神宗有一天陪同太后吃饭。太后提到王氏怀孕已 5 月了，明神宗不相信有此事。太后让文书房内侍取来起居注给明神宗看，且好言好语劝道："我已经老了，还没有孙子，如果生下男孩，是宗社的福气。母以子贵，母亲的身份低有什么关系，封为妃子不就可以了吗？"明神宗无法，只得封王氏为恭妃。八月，恭妃生下一男孩，取名朱常洛。因为正宫皇后没有生儿子，所以朱常洛成为皇长子。

万历十四年正月，皇三子出生，明神宗因为宠爱其母郑氏，便晋封郑氏为贵妃。

二月，辅臣申时行等上疏请册立东宫，疏章道："早建太子，是尊宗庙重社稷。皇长子出生已有 5 年，应该早点定名分。祖宗朝立皇太子，英宗是 2 岁，孝宗是 6 岁，武宗是 1 岁。现在春月正是吉利日子，陛下建储，以慰天下人之望。"明神宗道："长子年纪还太小，等两三年后再说吧。"

户科给侍中姜应麟、吏部员外沈（王景）上疏道："郑贵妃虽贤，所生为次子，而恭妃所生为长子，将来要继承皇位的，恭妃却没有晋封为贵妃，望陛下收回成命，先封恭妃为贵妃。"

明神宗发怒，将姜应麟贬为广昌典史，将沈璟调出京师。明神宗还对阁臣们说道："我降级处分他们，不是为了册封的事，而是因为他们疑心我要废长立幼。我朝立储，自有规矩，我怎么会以私意而坏公论呢？"

刑部主事孙如法对明神宗说道："恭妃生育长子，5 年来未见册封贵妃，而郑妃一生下皇三子，就册封为贵妃，这样做，引起天下人疑虑也的确是事出有因。"

明神宗大怒，将孙如法贬为潮阳典史。礼部侍郎沈鲤出了个中庸主张，郑氏、王氏并封为贵妃，明神宗还是不答应，说道："恭妃册封之事，等到皇长子立为太子时再说。"

过了 4 年，万历十八年正月，明神宗在毓德宫召见辅臣申时行、许国、王锡爵、王家屏等人，商议册立东宫的事。明神宗说道："我知道，我没有嫡子，建储长幼自有定序。郑妃亦再三陈请，恐外间有疑。但长子还太弱，等他再壮大些再说，你们以为如何?”辅臣们复请道：“皇长子年已9岁，延师读书是时候了。”明神宗不住地点头。

申时行等人退出不久，明神宗忽命司礼监将众人追回来。明神宗道：“已经派人去叫皇子了，与先生们见见面。”

辅臣们回到宫门内，不一会儿，皇长子、皇三子一齐到来。他们走到御榻前，皇长子在御榻右边，明神宗一手拉起他的手，让他面对众辅臣。

辅臣等注视良久，对明神宗道：“皇长子龙资凤表，岐嶷非凡，从他身上可以看到陛下的睿智和仁慈。”

明神宗高兴地答道：“这是祖宗的德泽，圣母的恩庇，我哪里敢当。”

辅臣们见明神宗高兴，便乘机说：“皇长子长大了，可以读书了。”还说：“皇上当年正位东宫时，才6岁就已读书，皇长子已经比皇上晚了。”明神宗道：“我5岁即能读书。”一边说一边指着皇三子说：“他也5岁了，尚不能离开乳母。”辅臣们叩头奏道：“有此美玉，何不早加琢磨，使之成器?”明神宗说：“我知道!”申时行等人高兴地退出毓德宫。

谁知，这以后便没有消息。直到十月，吏部尚书朱、礼部尚书于慎行率群臣联合上疏，请册立东宫。明神宗见疏大怒，下令革去上疏群臣的3个月俸禄。辅臣申时行见状，便以生病为由辞官回家养病，辅臣王家屏上书极言申时行不能离职。明神宗不愿此事闹大，便传出话来说：“建储之礼，当于明年举行，廷臣不得再对此事上奏章了，若再有人上奏章，就要将册立的事拖到皇长子15岁以后再说。”

既然皇帝对建储一事有了明确的答复，申时行便与群臣们相约，大家就等一年，而且还遍告所有的小吏，大家都不得在一年里谈这件事。

万历十九年冬十月，一年的期限到了。工部主事张有德上疏请示如何准备东宫的仪仗。当时申时行正因病休假，次辅许国对其他大臣道：“小臣尚请建储，吾辈也应说说话。”于是仓促上疏，同时将申时行的名字列在首位。申时行闻之，赶紧另外上了一道密疏道：“同官疏列臣名，臣不知也。”明朝规矩，大臣密疏只供皇帝一人看，不向外公布。而这一次却与其他疏一同公布。于是礼科罗大铨、武英中书黄正宾上疏指责申时行，说他迎合皇上为了保位。明神宗大怒，杖黄正宾，削罗大铨官职，并以“群臣激聒”

的理由，再次推迟册立东宫。

万历二十一年春正月，辅臣王锡爵归省还朝，上密疏请建东宫。明神宗答复道："我虽有今年春天册立的打算，不过昨日读《皇明祖训》，上面说'立嫡不立庶'。皇后年纪尚轻，倘若生子，不是有两个太子了么？今将三皇子并封为王，数年后皇后还是不生子，再行册立。"

王锡爵又上一疏争论道："过去汉明帝取宫人贾氏子，命马皇后养之；唐玄宗取杨良媛子，命王皇后养之；宋真宗刘皇后取李宸妃之子为子，都可为本朝借鉴。"明神宗不理。

王锡爵再上疏道："陛下就是想推迟册立太子，但读书的时机却不应该再推迟了。"明神宗仍旧不允。直到第二年二月，皇长子13岁的时候才出阁读书。

皇长子出阁读书正值严寒，冷得发抖，中官们却围炉密室。讲官郭正域看不过，大声道："天寒如此，殿下当珍重。"于是命侍从取火御寒。明神宗知道此事，也不怪罪中官。

万历二十八年正月，皇长子朱常洛已满18岁。礼部尚书余继登上书请册立太子然后举行婚礼。明神宗不理。七月，明神宗特下一道谕旨道："皇长子薄弱，大礼稍俟之，百官毋沽名烦聒。"

第二年五月，戚臣郑国泰请册储冠婚，被革去3月俸禄。礼科右给侍杨天民、王士昌等请立储，都贬谪为贵州典史。

这年八月，大学士沈一贯对明神宗说道："《诗经·既醉》篇里臣子祝君曰：'君子万年，介尔景福。'又说：'君子万年，永锡祚胤。'意思是祝愿子孙多。皇上孝奉圣母，朝夕起居，不如让老人家含饴弄曾孙快活。"明神宗听了心动，这才答应择日册立冠婚。

万历二十九年冬十月十二日，明神宗以典礼尚未完备的理由，欲改期册立。沈一贯将圣谕封还给明神宗，力言不可再改期了。明神宗无法，只得于十月十五日册立皇长子为太子，同时册封了其他几个儿子为福王、瑞王、惠王、桂王。一场旷日持久的立储之争，终以明神宗最后也不能违反祖宗成法而让步结束。万历四十八年七月，神宗驾崩。太子朱常洛八月十三日即位，为明光宗，明光宗九月十二日驾崩，只做了一个月的皇帝。

明神宗不顾大臣的反对，迟迟不立朱常洛为太子，虽然最终屈服于宗法，但能坚持十几年，也表明其确有独断的勇气。

锦囊妙语

坚持己见不是固执，二者是有区别的。无理智地坚持己见是固执，对他人的错误意见不予采纳，就是坚持己见。

顺应时势的叔孙通

叔孙通以制定了朝见帝王的礼仪而大受汉高祖刘邦的赏识，成为西汉开国初期一位引人注目的角色，《汉书》还专门给他立了一篇传记。其实，他的崭露头角开始于秦朝，早在秦始皇时期，他便以博士的头衔为秦王朝效力了。秦始皇搞的焚书坑儒，坑的就是这些有博士头衔的人，当时坑的人数多达460余人，而叔孙通居然能幸免于难，真不知他用的什么手段讨好了秦始皇。

到了秦二世时代，陈胜、吴广农民起义，二世皇帝召来了一帮博士儒生询问对策："南方有一些戍卒攻城夺地，你们看该怎么办呀？"

有30余名博士纷纷进言道："臣民不允许聚众闹事，聚众闹事就是造反，就是不可饶恕的死罪，请陛下立即发兵击讨！"

偏偏秦二世采取鸵鸟政策，不肯承认老百姓会起兵反对他，一听这话脸色都变了，一副怒气冲冲的样子。叔孙通明白了秦二世的心思，立刻上前说道："他们说的都不对。现在天下一家，郡县的城墙、关卡早已摧毁，兵器也早已收缴消融，向天下百姓表示永远不再用武。而且上有英明的国君，下有严格的法令，官吏们人人恪尽职守，四方百姓心向朝廷，怎么会有造反的人？南方那些戍卒不过是些鼠窃狗盗的小偷小摸，何足挂齿？当地的官员早已将他们拘捕杀戮，根本不必大惊小怪！"

这番话果然讨得秦二世的欢心，结果那些说是造反的博士们都被送交司法部门审讯，而叔孙通却得到了20匹布帛、一身衣服的赏赐，并将他的官职升了一级。

等到叔孙通返回住所，那些博士们责问他道："你怎么那么会巴结讨好？"

叔孙通说："你们太不聪明了，我也险些不免于虎口！"

其实，他已清楚地看出了秦国即将灭亡的形势，当夜便逃出秦都咸阳，投奔陈胜、吴广的队伍去了。陈胜、吴广失败以后，他先后又归顺过项梁、义帝、项羽，最后项羽失败，他投降了刘邦。

刘邦这个人不喜欢读书人，叔孙通为了迎合刘邦，脱掉了自己儒生的服装，特意换上一身刘邦故乡通行的短衣短衫，果然赢得了刘邦的好感。

当他投降刘邦时，有100多名学生随他而来，可他并不向刘邦推荐，而他所推荐的，全是一些不怕死、敢拼命的壮士，学生们不免有了怨言："我们追随先生多年，又同先生一起降汉，先生不推荐我们，专推荐一些善于拿刀动剑的人物，真不知他是怎么想的！"

叔孙通说："刘邦现在正是打江山的时候，自然需要一些能够冲锋陷阵的人，你们能打仗吗？你们别着急，且耐心等待，我不会忘了你们！"

当刘邦当上皇帝以后，那些故旧部下全不懂得一点君臣大礼，有时在朝堂上也争功斗能、饮酒狂呼，甚至拔剑相向，刘邦显得很不耐烦，这一点让叔孙通看出来了，他便趁机建议制定一套大臣朝见皇帝的礼仪，刘邦自然同意。

这样一来，他的那班弟子都派上了用场，同时他还特地到礼仪之邦的鲁地，去征召一批懂得朝廷大典的人。有两个读书人不愿意来，当面指责他道："你踏上仕途以来，前前后后服侍了十几个主子，都是以阿谀奉承而得到贵宠。现在天下刚刚安定下来，百姓死者还没得到安葬，伤者还未得到治疗，国家百废待兴，你却一门心思去搞那远不是当务之急的礼仪。你的作为完全不符合古人设置礼仪的初衷，我不会跟你一块去的，你赶快走开，别玷污我！"

叔孙通一点也不生气，反而讥笑道："真是一个腐儒，完全不懂得适应时局的变化！"

由于他的那一套礼仪极大地提高了皇帝的尊严，使得刘邦十分开心，高兴地说："我今日才体验到当皇帝的尊贵了！"

于是叔孙通加官晋级，一次便得到500金的赏赐，成为朝廷近臣，一直到汉惠帝还恩宠不衰。

锦囊妙语

树欲静而风不止，在风中能独善其身，就证明这棵树在风中老而弥坚，颇具谋略。

以变应变的多尔衮

崇德八年（公元1643年），太宗皇太极因患中风，与世长辞。

在谁来接班的混战中，最有权势的多尔衮以大局为重，表现出政治家的远见和卓识。他站出来表态，拥立皇太极第九子福临为帝，改顺治元年，就是后来的清世祖顺治皇帝。当时福临6岁，连自己的生活还不能自理，又如何能治理国家？多尔衮决定："帝年岁幼稚，吾与郑亲王分掌其半，左右辅政，年长之后当即归政。"多尔衮后被尊为叔父摄政王。

多尔衮是努尔哈赤的第十四子。初封贝勒，因为在10位贝勒中，按年龄大小排行第九，所以也被称为"九生"。多尔衮英武超群。天聪二年，他年仅17，随太宗征内蒙察哈尔多罗部立过大功。天聪五年，皇太极设立六部，多尔衮掌管吏部。天聪九年，多尔衮率兵追击林丹汗残部，招降林丹汗之子额哲，获传国玉玺后献给皇太极，又立大功。在清王朝的奠基事业中，多尔衮贡献很多，还是颇有政治头脑的杰出人物。太宗死后，多尔衮名为摄政王，实则掌握着清朝最高权力。

明清之际，农民起义风起云涌，到崇祯十六年（公元1643年）已成燎原之势，李自成的大顺军和张献忠的大西军得到迅猛发展。崇祯十七年，李自成在西安正式建国，国号大顺。同年2月，起义军攻占太原、代州。3月，李自成率百万大军向北京进发。3月17日，兵临北京。两天后，崇祯皇帝自知大势已去，泣退众臣，亲手砍死了袁妃，逼死周后，又杀死女儿坤仪公主，然后自缢，农民军占领北京。

此时，满洲统治者正在关外盛京注视着关内形势的发展。4月4日，在尚不知李自成入京消息的情况下，大学士范文程上书多尔衮说：“当今正是摄政诸王建功立业、重休万世之时，应该进取中原，与‘流寇’争角。”

当即，多尔衮采纳了范文程的建议，打出“救民出水火”的旗号，4月7日祭天伐明，9日全军出动，13日兵至辽河。这时，得知北京城破、崇祯皇帝已死的消息，入主中原的形势越来越有利，便加紧向山海关进军。

早在京师危急的时候，崇祯帝命宁远总兵吴三桂回师。吴三桂慢慢吞吞，折腾了十几天，才走到河北丰润，得到李自成已攻占北京，于是又退回山海关不敢前进。吴三桂没想到，李自成不久即派唐通前来，带着其父吴襄的亲笔劝降信和犒师的银两，劝他入京，另派2万起义军把守山海关。他接受了犒师的银两，但却屯兵九口为自己留下一条后路，才慢慢地向京师而行。

走到滦州，听得逃来的家人吴福密报：家产悉数被抄，夫人、小姐被杀，父亲被囚，爱妾陈圆圆被闯将刘宗敏抢去做了压寨夫人。他马上又掉头回山海关，击走了李自成派来接防的那2万人。

不几日，李自成亲率20万大军前往山海关征讨。危急时刻，吴三桂采用方献庭的密策，派副将杨坤、郭云龙出关，向多尔衮送去密信一封，上书：“西伯辽东总兵吴三桂谨上书于大清国摄政王多尔衮殿下：我朝李闯作乱，攻陷京师，先帝惨遭不幸，祖庙化为灰烬。三桂受国厚恩，据守边地，意欲为君父复仇，怎奈地小兵少，不得不泣血而求助。我国与北朝（清及前身）通好200余年，今无故而遭国难，北朝应亦念之，而且乱臣贼子当也北朝所不能容之。夫除暴安良者大顺也，拯危扶颠者大义也，救民水火者大仁也，取威定霸者大功也。素闻大王乃盖世英雄，值此摧枯拉朽之机，诚为时不再得，乞念亡国孤臣忠义之言，速即立选精兵，直入中协，三桂自率所部，以合兵而抵都门，灭流寇之宫闱，而示大义于中国。则我国之报于北朝者，岂惟财帛？行将裂地以酬，决不食言！”

此信说明吴三桂已决心倒向清朝，和农民军作对。其个中原因究竟是什么？明末清初有个诗人叫吴梅村的，顺治九年作了一首《圆圆曲》，诗中说：

全家白骨成灰土，
一代红妆照汗青。
痛哭六师皆缟素，
冲冠一怒为红颜。

诗中透露，吴三桂之所以要引清军入关，只是为了爱妾陈圆圆。此话似乎有些过激，但仔细琢磨，也自有其道理。那吴三桂并非什么正人君子，他爱财、惜命，又极有官瘾，当然也不会不爱美色。

这个陈圆圆，本姓邢，母亲死后，其姨把她养大，故改了姨家的姓。她家住姑苏，名沅，字畹芬，“蕙心纨质淡秀天成”，长大成人，竟色艺无双，被崇祯皇帝的周后之父物色入宫，周后想用圆圆夺田妃的宠，不料此计未成，田妃倒将圆圆遣出宫来，送给自己的父亲田弘遇享用。怎奈老夫少妇，终嫌非匹，“石崇有意，绿珠无情”。时值闯军大盛，时局动荡，为保产业，田弘遇想结拥重兵、握实权的吴三桂，邀其赴家宴。三桂在田府一见圆圆，立即为之倾倒，以保田氏胜于保国家的誓言，将圆圆强索到手。后来，明廷谕旨，饬令三桂迅速出关，军中不能随带姬妾，只好把圆圆留在北京，叫父亲吴襄看着。此番得家人来报，知自己的爱妾居然被掳，顿时气得七窍生烟，咬牙切齿，誓报此恨，而眼下又力量不足，怎能不忙如丧家之犬投奔清朝。

再说多尔衮已令清军向山海关进军，静观关内形势，寻隙进关。此时前锋刚到锦州，正在规划下一步行动。忽然，杨、郭二将持吴三桂邀书前来，清军赶快把书信转至多尔衮。

吴三桂的请求，无疑给了清军入关的极好机会，也正中多尔衮心怀。想当年，清军为打通入关之路，两次在宁远受阻，一次努尔哈赤受伤，不久便撒手而去；一次皇太极失败，险些丧命阵前。这次可不费一兵一卒就可入关，此乃天助大清。

于是，多尔衮当即决定，以变应变，要投下诱饵，招降事故三遂令才学深通的范文程，濡墨沾毫，写下回书：“大清国摄政王多尔衮复书明平西伯吴三桂麾下：闻说李闯攻陷北京，明帝惨遭不幸，实在令人发指。为此，我定当率仕义之师，破釜沉舟，誓灭李闯，救民于水火。你思报君恩，与李闯不共戴天，实在是难能可贵的忠臣。以往你我长期为敌，今当捐弃前嫌，通力合作。古时候，管仲射桓公中钩，后被尊为仲父，辅佐桓公，遂成霸业。此等往事，足为今人良好榜样。你如率众来归，我大清必封以故土，晋爵藩王，一则国仇得报，二则身家可保，世世子孙，能长享富贵，当如带砺河山，永永无极。”文程写毕，呈与多尔衮。多尔衮看过，命加封，交给杨、郭二人。这两人翻身上马，连夜赶回，向吴三桂复命。

吴三桂看了多尔衮的回信，知道清军已答应出兵，自己不觉腰也硬了，胆也壮了。从信中得知，自己如若投降清军，大清还能“封以故土，晋爵藩王”，更是觉得心里美滋滋的，连嘴巴也乐得合不上了。

4 月 21 日，清军到达离山海关 10 里的沙河。吴三桂得知这个消息后，赶快率领 500 名精锐骑兵去迎接清军。他一见到多尔衮，立即跪拜称臣，又假惺惺挤出几滴眼泪，哭崇祯皇帝的不幸。他说：“启殿下，目前中原无主，务必请殿下迅速挥师入关，拯救百姓于水深火热之中！”多尔衮见吴三桂已是真心投降，赶快双手扶他起来，并下令叫人宰牛杀马祭天，与吴三桂折箭盟誓，表示双方从此精诚合作。吴三桂和他的 500 骑兵，于盟誓后立刻剃发留辫，改穿清人服装，表示完全归顺于清军。

第二天，多尔衮领清军，分三路浩浩荡荡开进山海关。

锦囊妙语

以变应变，乃至随机应变的策略，是大有用武之地的。运用得好，可险处逢生，平步青云。

刘邦智用韩信

在楚汉相争这场大战中，项羽和刘邦这对立的双方，在力量的对比上其实是很不平衡的。项羽无论就个人的勇猛威武、名望的影响力、士卒的精锐、战功的卓著，都远远超过了刘邦，可是最后却败在刘邦的手下，这究竟是因为什么呢？其中一个重要的原因，便是在官爵的封赏上，没有刘邦的手段高明。

韩信是刘邦取得胜利的一个关键性人物，可以说，没有韩信，便没有刘邦的江山，而韩信原来却是项羽的部下，为什么他要弃项而归刘呢？他在同刘邦谈到项羽时曾说过这样一段话："项羽这个人，威风凛凛，他一发起怒来，谁也不敢再吭一声。可是，他不能发挥其他良将的作用，这只不过是匹夫之勇罢了。他对人也恭敬慈爱；同人说起话来，平易近人，如拉家常；谁要是有了疾病，他会急得流泪，将自己的饮食送给病人。可是，当别人立了大功，应该封官赏爵时，他把封赏的印鉴都刻好了，放在手上摩弄得的角都磨没了，还是舍不得交给应受封赏的人，实在是太小家子气了。"

看来项羽不善于利用封赏官爵这个手段来激发别人为他效力，他的那些小慈小悲的举动，是所谓口惠而实不至，无怪韩信要弃他而去了。韩信向刘邦建议，要反项羽之道而行之，大胆任用天下强将，将天下城邑封赏给有功之人，这样便可以无往而不胜。

看来刘邦是接受了他的建议的。在这之前，他已破格将韩信这个投奔来的普通士卒一步登天地提升为大将，而且拜将的礼仪极为隆重。韩信果然很为他卖命，取得了一次又一次重大胜利，后来占据了山东的大片土地。为了稳定这一地区的人心，韩信向刘邦请求封自己为"假齐王"（即代理齐王）。当时刘邦正被困荥阳，盼着韩信来解救他，一接到韩信的请求，十分恼火，不由得破口大骂道："我被困在这里，瞪大了眼睛盼他来救我，他倒想自己称王！"这时，他的谋士张良、陈平暗暗地踩了一下刘邦的脚，附耳低声对他说："我们现在处境十分困难，还怎么能够不让韩信自己称王？不如顺势买个好，就立他为王，对他客气点，让他固守在齐地。要不然，会出乱子的！"

刘邦立刻醒悟了，他现在其实是控制不了韩信的，只有来个顺水推舟，答应韩信，才能将他笼络住。于是刘邦立刻改口道："大丈夫平定天下，要当就当真王，干吗当他妈的假王？"

当时便派了张良去到韩信那里，当面封他为齐王。

后来，到了楚汉相争的关键阶段，刘邦又一次受困，通知韩信及另一位大将彭越前来会战，这两个人都没能如约前来，刘邦一筹莫展，又是张良给他出谋划策："楚兵眼看就要失败，而韩信、彭越没有得到划分的封地，他们不来，也是理所当然的了。君王如果能同他们共分天下，他们马上便会前来；如果不能，事情就很难预料了。君王如果将从淮阳到海边的这一片土地尽划归韩信，从睢阳以北到谷城这一片土地尽划归彭越，让他们各自为战，楚方很快便会失败了。"

刘邦接受了张良的建议，韩信与彭越便分进合击，大败项羽垓下，迫使项羽自刎乌江，而将刘邦推上皇帝的宝座。

锦囊妙语

这里的高明之处，在于不吝惜对他人的赏赐，这样就笼络住了人心，因而也就稳定住了自己的权力。

善御人才的洛克菲勒

说起聚集在洛克菲勒身边的商业专才和管理精英，首先要提到的是安德鲁斯。

美国自17世纪中期发现石油以来，曾经引起了一阵寻油热。敏锐的洛克菲勒也意识到石油开发是一个具有商业价值的投资领域，当时由于没有人去研究如何提炼及利用石油，使得洛克菲勒也迟迟不敢进入这一领域。

这时，从英国移民来的安德鲁斯夫妇成为洛克菲勒的幸运之星。安德鲁斯是一位化学家，曾做过油页岩的研究工作。当他听说找到了石油以后，就有一种直觉：这种液体肯定有开发价值。于是，安德鲁斯就成了美国最早从事石油精炼实验的先驱者。他对石油开发的前途充满了信心，认为从原油中精炼出来的石油绝对可以代替煤炭液化油，并且首先创造了用亚硫酸气来精炼石油的工艺。

在安德鲁斯的一手设计和操作下，这个炼油厂先后分解出汽油、苯、煤油等新产品。1870年1月，洛克菲勒创办的俄亥俄美孚石油公司成立，总资产额达100万美元。

在洛克菲勒旗下的高级行政管理人员中，功绩卓著的当数亨利·弗拉格勒。

弗拉格勒也同样看好了石油这一新行当，终于，他携6万美元投资和9万美元的流动资产加盟到洛克菲勒的石油公司，并且成为洛克菲勒在业务上和业务以外的知心朋友之一。

盖茨牧师出身寒微，自小受到的是斯巴达式的教育。在一次全国性的宗教集会上，他曾与洛克菲勒进行过关于芝加哥大学的谈判。思维敏捷、见解独到、富有朝气的盖茨给洛克菲勒留下了深刻的印象。很快，这位38岁的牧师成了洛克菲勒的首席施赈员，而且也成为洛克菲勒晚年生涯中的关键人物。

洛克菲勒从盖茨的成功安排中发现其商业才能还会有一番作为，于是把他个人的财务管理也全权委托给了盖茨。洛克菲勒个人投资项目极多，到后来他自已也搞不清楚自己到底有多少资产。于是，盖茨就被起用全权经营慈善事业和个人投资事项。

很快，盖茨就调查清楚了洛克菲勒个人的所有投资项目，并挽救了其陷入困境的20个项目中的13个，巩固了洛克菲勒家族对其所投资的公司的所有权。正是盖茨为这个显赫的家族开辟了巨大的财源。

洛克菲勒终其一生都在选拔、统御人才，也正是这些优秀人才开创出这个世界上堪称最优秀的集团企业和最丰厚的利润。

洛克菲勒最初创业时，是和一位比他大12岁的英国人莫里斯·克拉克合伙办了一个代理商公司。当时两人各出资2000美元，而且在头一年就经销了45万美元的货物，收益颇丰。随着美国南北战争的爆发，他们二人囤积居奇，大发战争财。这一段创业经历为洛克菲勒日后转向石油领域奠定了初步的资本基础。

在公司成立前两年时间里，克拉克和洛克菲勒二人分工合作，克拉克当“外场”，应付顾客和委托商品；洛克菲勒大部分时间是做“内场”，经营账目和业务资金，二人合作还算默契。克拉克曾赞扬洛克菲勒的认真，说他是“有条不紊到了极点，常常把数字计算到小数点后第三位”。

但是克拉克倚仗自己年龄大，在商场上混的时间长，总是以“老大哥”的身份自居，动不动就教训洛克菲勒不懂人情世故。面对他一副自鸣得意的样子，洛克菲勒不以为然，尽心尽责地办好他们的公司。

就在洛克菲勒领导着他的公司走向石油领域、准备大展宏图的时候，他与合作伙伴克拉克在经营上发生了矛盾。克拉克虽然对公司业务还算尽心尽力，但在生意上，尤其是大生意上，需要作出重大决定的关键时刻，克拉克往往举棋不定。这种反复出现的犹豫不决的态度，耽误了许多买卖的大好时机，也使一向冷静忍耐的洛克菲勒大为光火。他们二人在决策上的争执逐渐频繁，有时甚至相持不下。

洛克菲勒和克拉克的矛盾终于在关于扩大在石油业的投资上爆发了。洛克菲勒要从公司拿出1.2万美元来进行投资，而克拉克则认为这是在拿公司的命运开玩笑，坚决不同意。洛克菲勒这时进一步认清了克拉克这种优柔寡断的性格，认为他不适合作为长期合作的伙伴。

1865年，洛克菲勒终于痛下决心，通过内部拍卖与克拉克争购公司控制权。最后洛克菲勒以7.25万美元赢得了这一仗，获得了公司独立经营权。

这一决定被洛克菲勒视为自己平生所作的最大的决定，正是这一决定，改变了洛克菲勒一生的事业，也使他身边的伙伴最紧密地团结在他周围，为了洛克菲勒家族这艘巨大的战舰驶向世界商海而齐心协力，奋战于惊涛骇浪之中。

洛克菲勒一生中树敌无数，他们之间存在着一种难以调解的矛盾——利益的冲突。但是聪明过人、目光远大的洛克菲勒却善于利用这种矛盾，不断地从敌对势力中把最有生存力和竞争力的强者吸收到自己的阵营中来，为己所用。在洛克菲勒帝国的核心领导层中，可以看到不少这种先是敌人后成为优兵的强者。而且，这个阵容不断地随着美孚石油的扩张而扩大。

在这群最强的对手中，最具有传奇色彩的是在洛克菲勒退休后，继任美孚石油公司第二任董事长的阿吉波特。

阿吉波特在众多小生产者茫然失措的时候，提出了对策——大封锁。他计划成立生产者同盟，并组成自卫武装，限制向洛克菲勒集团提供原油。同时，他还印刷了3万份传单，分别送给华盛顿联邦议员和州法院。一时间，舆论大哗，各界人士纷纷指责洛克菲勒心狠手辣，置人们的生死于不顾。在重大压力之下，南方开发公司尚未成立就流产了，洛克菲勒经历了平生第一次大败，也遇到了平生第一位强敌。

洛克菲勒这时开始逐步接触这个年轻人，同时也采取种种策略来分化、瓦解那些结成同盟的石油小生产者，以高价收购原油，打破了他们的封锁计划，瓦解了生产者同盟的防线，而且把阿吉波特也拉到了自己的阵营中来。

阿吉波特成立了一家新公司，叫艾克美，并以其曾领导生产者同盟的威望开始收购同类行业的经营者的股票。他也开始逐渐地帮洛克菲勒说话，煽动解散生产者同盟，而众多的小生产者却不知，这家艾克美公司的股权是掌握在洛克菲勒手中。终于，阿吉波特帮助洛克菲勒完成了一统天下的霸业。

阿吉波特还多次为洛克菲勒家族的垄断事业出谋划策，他曾建议停止输送麻京郡的出产油。麻京郡是一个新油田，但较为偏僻，全都依靠美孚石油公司的油管输送原油。而一旦停止输送它生产的原油，就不得不关门大吉了。这样一来，麻京郡不得不放弃铺设新油管，而继续接受洛克菲勒集团的盘剥。

洛克菲勒从兼并到行业垄断，一直到最后建立起庞大的托拉斯组织的进程中，提供锦囊妙计的阿吉波特逐渐成为美孚石油公司管理层中的后起之秀，深得洛克菲勒的信任。洛克菲勒退休之后，力举阿吉波特作为第二任董事长，领导他庞大的帝国进一步拓展。

多德根据洛克菲勒的建议，于 1882 年炮制出《托拉斯协定》，美孚石油公司改组为“美孚托拉斯”，使洛克菲勒能以信托方式来掩盖其明目张胆的垄断。美孚石油公司在改组之后，拉进了 60 多家公司，其中 40 家所有权完全属于美孚托拉斯，另外 26 家多数权益也掌握在美孚手中。托拉斯体制成功地防止了外界对它进行调查和揭露，它不但使洛克菲勒精心勾画 10 年的垄断蓝图得以实现，而且也改变了资本主义社会的发展史，形成美国历史上独特的托拉斯垄断时代。多德在其中确是功不可没。

同样的人物还有纽约州议员赫伯恩，他曾发动了一场对美孚公司的大规模调查。而正是因为在这次调查活动中他所表现出来的才能引起了洛克菲勒的注意，使其成为洛克菲勒的财产管理人。

正是由于洛克菲勒不断地把眼光投到敌对的阵营中去，他才得以广揽天下人才，共谋霸业。

在洛克菲勒的帝国中，拥有当时美国最完美的人才机构。他们每个人都各具特色，都能独当一面。威廉和蔼可亲、沉着冷静；弗拉格勒骁勇善战；阿吉波特智勇双全；新加入的亨利·罗查斯目光独到，无往不利……

锦囊妙语

让每个成员都各有责任，但又始终脱离不了自己的严密控制。用分而治之的办法限制每个人的表演舞台，使他们强烈的唯我主义和集体主义保持平衡。

以德服人的武则天

武则天是唐朝并州文水县人。她的父亲是李唐王朝的开国功臣，她的母亲从小受过良好的教育。武则天14岁之前，受到文武两方面的培养，14岁时做了太宗李世民的“才人”。高宗李治即位后，武则天地位不断上升，终于做了皇后，并成了李唐实际掌权人。高宗病逝，武则天又迅速登上皇帝宝座，成为中国历史上名副其实的第一位也是唯一的一位女皇。

上官婉儿，是李唐五言诗“上官体”的鼻祖上官仪的孙女。上官仪是唐初重臣，曾一度官任宰相。高宗李治懦弱，后期又不满武则天独断专行，便秘令上官仪代他起草废后诏书。后被武则天发觉，便以“大逆之罪”使上官仪惨死狱中，同时抄家灭籍。时年1岁的婉儿及其生母充为宫婢，被发配东京洛阳宫廷为奴。婉儿14岁那年，太子李贤与大臣裴炎、骆宾王等策划倒武政变，婉儿为了报仇也积极参与。但事情败露，太子被废，裴炎被斩，骆宾王死里逃生。上官婉儿明知自己也将被处死，但结果却完全相反：

竟被武则天破例收为机要秘书。

原因何在？主要是上官婉儿有才，而武则天又尤为爱才。上官婉儿14岁时曾作了一首《彩书怨》的诗，被武则天无意中发现。武则天不相信这么好的诗意会出自一位女孩之手，便以室内剪彩花为题，让她即兴作出一首五律来，同时要用《彩书怨》同样的韵。婉儿略加凝思，就很快写出："密叶因裁吐，新花逐剪舒。攀条虽不谬，摘蕊讵知虚。春至由来发，秋还未肯疏。借问桃将李，相乱欲何如？"武则天看后，连声称好，并夸她是一位才女。但对"借问桃将李，相乱欲何如"装作不解，问婉儿是什么意思。婉儿答道："是说假的花，是以假乱真。""你是不是在有意含沙射影？"武则天突然问道。婉儿十分镇静地回答："天后陛下，我听说诗是没有一定的解释的，要看解释的人的心境如何。陛下如果说我在含沙射影，奴婢也不敢狡辩。""答得好！"武则天不但没生气，还微笑着说："我喜欢你这个倔强的性格。"然后武则天将自己14岁入宫当才人时制服烈马狮子跑的故事，讲给婉儿听。接着她又问婉儿："我杀了你祖父，也杀了你父亲，你对我应有不共戴天之仇吧？"婉儿依旧平静地说："如果陛下以为是，奴婢也不敢说不是。"武则天又夸她答得好，还表示正期待着这样的回答。接着，武则天赞扬了她祖父上官仪的文才，指出了上官仪起草废后诏书的罪恶，期望婉儿能够理解她、效忠她！

然而，婉儿不但没有效忠武则天，却出于为家人报仇的目的，参与了政变，而今成了罪人。这对高宗来说，应是充满同情和设法庇护的。但他惧怕武则天，只能借口有病，"不能多动心思"，而让武则天决定。这对司法大臣来说，只能提出按律"应处以绞刑"；若念其年幼，也可施以流刑，即发配岭南充军。而武则天则认为：据其罪行，应判绞刑，但念她才十几岁，若再受些教育，是可以变好的，所以，不宜处死；而发配岭南，山高路远，又环境恶劣，对一个少女来说，也等于要了她的命，所以，也太重些。尤其是她很有天资，若用心培养，一定会成为非常出色的人才。鉴于此，武则天决定对婉儿处以黥刑，即在她的额上刺一朵梅花，把朱砂涂进去，并把婉儿留在自己身边，"用我的力量来感化她"。还表示：如果我连一个十几岁的女孩子都不能感化，又怎么能够"以道德化天下"呢？

结果，武则天确实把婉儿感化了。该杀而不杀，反而留她在自己身边，这使婉儿感激涕零。此后，武则天又一直对婉儿悉心指导，从多方面去感化她、培养她、重用她。婉儿从武则天的言行举止中，了解了她的治国天才、博大胸怀和用人艺术，对她彻底消除了积怨和误解，代之以敬服、尊重和爱戴，并以其聪明才智，替她分忧解难，为她尽心尽力，成了她最得力的心腹人物。甚至婉儿的生母也曾对人私下议论：婉儿的心完全被武后迷住了！

锦囊妙语

以德服人，表现了一种容人的大度，也反映了一种御人的风格。人是社会中最复杂、最具智慧的生灵，用人一定从心开始，赢得人心必赢得人才。

计策锦囊

抛砖引玉歼日军

日本奇袭珍珠港，虽给美国太平洋舰队沉重打击，但日本人的目的并未全部达到。美国航空母舰侥幸躲过灾难，并在太平洋上不断出击，给日本人造成很大的威胁。日本海军联合舰队司令部认为：要抑制美国航空母舰特混舰队的活动，必须尽快夺取距夏威夷 1130 海里（1 海里等于 1852 米）的中途岛，把它作为日军空中巡逻的前进基地。同时，进攻中途岛可以诱出美国舰队，并在一场决战中把它歼灭。因为中途岛是美国海军基地，战略地位十分重要，为美国与亚洲国家间的中转站，夏威夷群岛的西北屏障。

1942 年 5 月 27 日，庞大的日本舰队离开港口，驶向中途岛海域。这支舰队共有舰船 100 多艘，其中航空母舰 8 艘、战列舰 11 艘，巡洋舰 22 艘，驱逐舰 65 艘，潜艇 21 艘，以及飞机约 700 架。这一天恰巧是日本海军节，是日俄战争期间日本海军在对马海战中消灭俄国舰队的纪念日。日本海军士气高昂，确信能够出敌不意，重现突袭珍珠港的那一幕。日本人完全没有估计到美军可能会预先知道日方的企图，并早已严阵以待，准备痛击来犯者。

事实上，早在 5 月初，美军就从截获、破译的大量日军无线电通讯中察觉到了日本海军正在准备一场大战，并将会在 5 月底或 6 月初进行这场大战。不过当初他们尚未弄清这次作战的确切地点。在日军的电报中，经常出现“AF”两个字母。这两个字母在电文中是进攻地点的代号，这个代号究竟指的是何处？只要找到这一谜底，弄清日军进攻的地点，就可以早作防范，有力地回击猖狂的“日本鬼子”。

据美国密码破译小组推测，“AF”很可能是指中途岛，但又不敢肯定，这给作战决定带来了许多麻烦。为了彻底解开这一谜底，美军情报部门决定使用抛砖引玉之计，诱使日本泄露真情。美军有意让驻中途岛的海军司令部用浅显的英语向上级拍发了一封电报，把“砖”抛出，佯称“此处淡水设备发生故障”。美军预料日本人会破译这封电报，并会由日本情报人员用无线电报给日本联合舰队。此一抛“砖”之举，果然引出了“玉”。48小时后，美军截获了一份日方密电：“AF很可能缺少淡水。”这就证实了“AF”便是中途岛。据此，美军进一步加紧对情报的搜集与分析整理，详细查明了日军进攻中途岛的作战计划，从而解决了中途岛大海战中情报保障与指挥决策的一个关键问题。

美军太平洋舰队司令尼米兹海军上将根据掌握的准确情报，采取了及时、有力的对策。一是加强了中途岛的防御，二是摆开了海上伏击的阵势，准备对毫无察觉的日本航空母舰编队以迎头痛击。

大战在6月4日展开。美军以损失1艘航空母舰的代价，一举击沉日本4艘航空母舰，使日本开始丧失太平洋战区的战略主动权。美太平洋舰队在经过珍珠港劫难之后半年，终于在中途岛海域打了一场决定性的翻身仗。这次著名的战役，被海军历史学家称为“情报的胜利”。亲身参加过此役的美国著名将领斯普鲁恩斯也说：“我方在中途岛海战中取得的战果，主要是由于我们出色地掌握了情报，使尼米兹上将能够充分发挥他那大胆、勇敢而又明智的指挥才干。”美军在中途岛大海战中的情报工作，不仅依靠了先进的侦听和破译技术，还应归功于巧妙地使用了抛砖引玉之计。

锦囊妙语

在不知对方是“石”还是“玉”的情况下，可以先把“砖头”抛出去，然后就明白对方的底细了。

转守为攻的哈特雷

美国乌诺考尔公司的总裁弗莱德·哈特雷，无论是外表、生活方式，还是思维定势乃至维护自身既得利益的能力，全都可以称为美国石油大亨的典型。但此人决策迟钝，动作迟缓，大权独揽。1981 年至 1985 年，石油公司在现代管理改革的浪潮冲击下，从 18 家减为 12 家，哈特雷的公司虽侥幸漏网，但经营结果依然糟糕透顶，被人标购袭击其实是在劫难逃。

1980 年哈特雷与皮根斯在石油老板的高尔夫球锦标赛时相遇。他向皮根斯夸耀自己的公司居美国的第 14 位，皮根斯答道："你的预算是 7 亿美元，用人 2.2 万；我的公司预算是 4 亿美元，用人 600。你难道从未想过人浮于事、效率低下？"从此哈特雷把皮根斯看成眼中钉、肉中刺，但他又不得不忧心忡忡、坐卧不安地提防皮根斯的袭击。

1984 年 12 月初，菲利浦老板接到被袭击的告急电话，哈特雷虽然松了一口气，可还是不敢怠慢，当即回公司立即命令法律顾问辛德搜集情况。辛德自石油界出现标购之日起就建立了资料库，储存了所有当事人的资料，包括有关金融家、律师、证券事务所首脑的档案，诸如财务方面的战术、司法方面的举措、既成的标购案例及其研究分析报告等，以便随时可以提供查询。

1985 年 2 月 4 日皮根斯的"第 13 式表格"公布后，哈特雷迅速聘请站在靶子一边的银行做盟友，预约 3 家律师事务所当顾问，指定辛德每天两次主持全国电话会议，让各个角落的探听者谈情况作分析。他审定了几套"毒丸计划"，着手分期分批更换董事，规定了公司合并必须经绝大多数票通过的新章程，还预备了法庭较量、公关争夺、拉股东委托仪等不同方案；个人利益使他的智力才能竟有超常发挥，他居然别出心裁地把反击总部移到洛杉矶，将鲨鱼调出游刃有余的华尔街，并且颇有见解地把公司转到特拉华州注册，准备下最终的救命符。

1985 年 2 月底，哈特雷的公司股票有 13.6% 被黑马骑士夺走，他虽然全力反击但收效甚微。万般无奈，他只能下令各路人马加紧打探不久得来的消息：自己公司的开户银行太平洋安全银行给了皮根斯5400万美元的资金。哈特雷当即指责这是“一个大阴谋”，气势汹汹地与太平洋安全银行总裁谈判：“你是乌诺考尔公司的开户银行吗？”

“是的，难道这有什么问题吗？”银行总裁不解地问。

“你们是不是有责任资助工业企业的生产发展？”哈特雷再问。

“是的，我们有什么做得不对的地方吗？”银行总裁又问。

“你们可以在表面上支持乌诺考尔公司，背地里与攻击它的鲨鱼相互勾结，挑动股票商与企业家的残杀吗？”哈特雷指责道。

“当然不能，可是你具体指什么呢？”银行总裁反问道。

“你们是否贷款5400万美元给皮根斯？”哈特雷追问。

“这是正常的商业贷款，我们银行是面对各种客户的。”银行总裁答道。

“但是皮根斯用这笔钱标购我的公司，这能说是正常的吗？”哈特雷紧追不放地说。

“客户只要把贷款用于合法目的，银行是不能干涉的。”银行总裁据理反驳。

“把贷款分发给一搏胜负的两个拳击手，肯定有挑拨意思在内！”哈特雷有意蛮缠。

“你如果认为这种做法不妥，我们可以不再向皮根斯先生贷款。”银行总裁和解地说。

“但是已发放的贷款必须收回来。”哈特雷提出过分要求。

“那得按照合同办。”银行总裁公事公办地说。

“那好，咱们法庭上见！”哈特雷说罢扬长而去。

为了把水搅浑，为了杀鸡吓猴，哈特雷根本不管理由是否站得住脚，毫不犹豫地在3月12日把自己的开户银行送上法庭的被告席。后来虽然指控不能成立，但却在一段时间内搅乱了视听，产生了杀一儆百的效用。哈特雷见此法有用，更想捆住皮根斯调集资金的手脚，精心策划了全面向银行界交涉的大动作。他撰写措辞强硬的信给权威极大的美国中央银行总裁，要求采取紧急措施结束“滥用信贷所激起威胁经济秩序的标购狂潮”。他把这封信抄送给皮根斯所有开户银行的经理，抄送给国会议员。于是，强大的宣传攻势形成了显著效果，而哈特雷就是要用它构造对皮根斯“待天以困之”的局面，使皮根斯产生动摇。

1985年4月7日，哈特雷在家中打开《纽约时报》，一眼看见皮根斯的总攻信号，他立即叫辛德用一切办法向皮根斯公司所在的不同城市的法院提出控告，指控皮氏的“第13式表格”采用欺骗手法，违反反托拉斯法。这一手把皮根斯弄得手忙脚乱，在4月14日的同一天里，皮根斯被不同城市法院要求提出申诉理由。正当皮根斯穷于应付之际，哈特雷部署了股东争夺战。他从公司职工中挑出700人突击训练，教他们如何代表公司给股东打电话，上门拜访时怎么说，怎样使股东们明白被皮根斯兼并后可能出现的不妙前景。一下子派出700人诱导劝说股东，这在美国标购史上可谓创举。其间，哈特雷还与股东中的金融机构首脑谈判，要他们作出“正确选择”，并毫不客气地威胁说：“如果你不投我抵抗兼并的赞成票，我就从你的机构里收回全部资金！”

围困皮根斯的动作完毕之后，哈特雷即与皮根斯谈判，视死如归般地拉响了“债务炸弹”的导火索——“听着，皮根斯，我永远不会同意你的兼并，你敢动用一半资金发起攻击，我就下令乌诺考尔公司举债标购自己的股票，这虽然在法律上讲不通，但我要向全国宣布‘本人和公司及皮根斯将同归于尽’！这种闻所未闻的举动会使美国工业界、金融界震惊。我宁可让自己不光彩的行为公布于世，叫特拉华州的高级法院左右为难。我知道你必然控告我，一审、二审法院也不敢冒天下之大不韪袒护我，可是我一旦失败，你就将面对一个美国‘企业自杀’的英雄！”皮根斯面对哈特雷的讹诈毫无办法。5月13日股东大会召开，哈特雷穿着过时已久的西装出场，他既提不出改善经营的方案，又驳不倒皮根斯的计划，只是指责皮根斯的专用飞机比自己多、年薪比自己高，摆出一副潦倒的样子。在股东大会结束之际，他指使穿着破衣服的辛德上场，放风说“特拉华州法院刚刚认定皮根斯胜诉”。皮根斯掩饰不住内心的喜悦，以为兼并已经无法逆转了。

散会之后，哈特雷立即对皮根斯“用人以诱之”，诚请皮根斯的朋友转告皮根斯：“官司已经打败，准备举白旗投降，请来谈判。”皮根斯来了，哈特雷有意顺着皮根斯的意思谈协议，只是在4亿美元的差价上不作让步，有意要求拖到第二天再谈。临别时，哈特雷向皮根斯表示祝贺，还说“谢谢你没在股东大会上指责我狂妄自大”。第二天再谈，哈特雷突然出尔反尔，食言而肥，拖到晚上，谈判仍无成果，双方约定两天以后再谈一次。哈特雷终于争得了极其宝贵的两天时间。

两天内，哈特雷的银行、法律、公关3套班子频频向特拉华州的州政府和高级法院的3名法官施加压力，强调乌诺考尔公司是在本州合法注册的，州政府有义务运用对企业有利的法律站在本州企业一边；保住乌诺考尔公司，就能保住州政府的声誉，也保证了本州的财政收入。第三天，哈特雷亲自出马与州政府和高级法院3名法官会谈，一再威胁说：“全国500家重要公司的一半在本州注册，给本州带来了巨额的税收。这场官司要是乌诺考尔公司获胜，他们都会套用本州的法律保护自己。不过，你们若是判定我败诉，我依然要迅速地引爆乌诺考尔公司的‘债务炸弹’！那样，200多家公司就会考虑到别处去注册。”沉重的压力使州政府和3名法官顶不住了，终于在5月17日作出了令其他各州嘲笑的“优惠判决”，哈特雷胜了，但受益的并不是公司，只是保住了他全部的个人利益。

哈特雷经营的乌诺考尔公司能够逃脱被兼并的厄运，在一场几乎没有取胜可能的较量中，把劣势转为胜势，主要得益于哈特雷的计谋运用得当。

锦囊妙语

> 不断地给对手找麻烦、制造障碍，从心理上干扰对手、打击对手，把对手弄得狼狈不堪、手忙脚乱，迫使其让步。

乱中取胜的百事可乐公司

自从班伯顿于1886年配制出可口可乐的秘方，“可口可乐”渐渐深入人心，成为美国家喻户晓的饮料品牌。

1915年，可口可乐公司推出包装战术，将可口可乐的生产和销售推向顶峰。一种最新设计的、容量为6.5盎司（1盎司约合0.028升）的细颈圆腹瓶登台亮相。这种瓶子一出现，就表现出它无与伦比的魅力。用这种瓶子装可口可乐，与原包装相比，不但显得体积大了，而且瓶体的曲线显得很有美感，再加上轰炸式的广告宣传，可口可乐的销售出现了前所未有的好势头，更加巩固了它在全美饮料行业的霸主地位。这种新瓶子被可口可乐公司看做有史以来最完美的设计。

可口可乐公司的事业蒸蒸日上，大有走遍天下无敌手的派头。

斗转星移，20多年过去了，一件令可口可乐公司意想不到的事发生了。可口可乐公司发现，自己花费多年心血创来的江山，却被百事可乐轻易地分享。1939年，百事可乐以“一样价格，双倍享受”的价格战术，一举击中了可口可乐的要害。用5美元买可口可乐只有6.5盎司，买百事可乐却有12盎司。

对消费者来说，购物时价格是第一位的，其次才是品质。百事可乐公司成功地利用了消费者的购物心理，不能不说是棋高一招。强大的广告宣传，不但打击了对方、宣传了自己，而且使百事可乐一举成名。

百事可乐公司的这一招，真可谓一箭双雕，使可口可乐公司陷入进退两难的境地。如果采用削价的办法，那么市面上数不胜数的自动贩卖机中的可口可乐将无法处理；如果增加容量，则必须放弃大约10亿瓶6.5盎司装的可口可乐。

百事可乐脱颖而出，超过了露西可乐和胡椒博士，直逼可口可乐的王座。

20世纪60年代，在“百事新生代”的战略引导下，百事可乐公司推出一个又一个的新创意，将可乐争霸战引向高潮。“喝百事可乐，永远是年轻一族”，“百事可乐，是生龙活虎的新生代”。

百事可乐企图借自己的“新”，以反衬可口可乐的“陈旧”和“落伍”。

1983年，百事可乐公司以500万美元的代价使天王巨星迈克尔·杰克逊成为自己的广告明星，此举一生，震撼世界。然后又请出来诺·李奇、唐·强生、蒂娜·托娜及麦当娜等一连串的巨星上台表演，使百事可乐的声势如日中天。百事可乐公司使出浑身解数，终于在1985年底夺得了可乐世界的王位。

锦囊妙语

持续不断的混战，旨在引起人们的好奇心理，只有这样，竞争的双方才会不断地变换新招。

以退为进的晋文公

晋文公重耳在国外流亡时，辗转来到楚国，楚成王把他当作国君一样的贵宾对待。一天，成王在为重耳举行的宴会上问道："公子要是回到晋国当国君以后，用什么来报答我呢？"晋文公当时答道："玉石、美女和绫罗丝绸你们都有，珍奇的鸟羽、名贵的象牙就产在你们国土上，流落到我们晋国去的，不过是你们剩余的物资，我不知道拿什么来报答你们。"楚成王还是抓住这个话题不放，继续说："即使就像你说的那样，你总得给我们一点报答吧！"重耳考虑了一下说道："如果我托您的福，能够返回晋国，有朝一日不幸两国军队在中原相遇，我将后退三舍回避您，以报答今日的盛情。若这样做还得不到您的谅解，我也就只有驱马搭箭与您周旋一番了。"

公元前632年，晋文公采纳中军元帅先轸的计谋，离间了楚国与齐、秦的关系后，又离间了曹、卫与楚的关系。楚国被激怒，楚令尹子玉立即率军北上，征伐晋国。

晋文公见楚军逼近，便下令晋军后撤90里（古时一日行军30里约为一舍，90里即为三舍）。晋军后撤引起将士不解，他们认为，晋国之君躲避楚国之臣，这是一种耻辱的举动；何况楚军在外转战多时，攻宋国一直不能克，士气已经衰竭，晋军不应后退。晋臣狐偃向大家解释说，国君这样做，是为了报答当年楚国的恩惠，兑现"两国若交兵，退避三舍相报"的诺言。如果国君以前说的话不算数，我们就理屈了。

其实，晋文公下令退兵90里，一方面是为了实现诺言，更重要的还是军事上的需要，想以此法来激励晋军将士，同时也使晋军避开楚军的锋芒，进一步养成楚令尹子玉的骄横情绪，然后选择有利的时机和地势同楚军会战。

果然，晋军撤到城濮后，宋、齐、秦等国也分别派来了军队，支持晋文公的行动。而在楚军中，一些将士见晋军撤退90里，也主张就此撤军返楚。但是，子玉却坚决不同意，他认为，晋军的后撤是惧怕楚军的表现，于是率领楚军紧追不舍，一直到城濮的一个山头下驻扎下来。结果，城濮一战，楚军被晋文公率领的联军打得大败。

锦囊妙语

当与竞争对手在实力对比上相差悬殊，难以战胜对手的时候，不妨采用退一步的策略，以退求进，一定能比盲目前进取得更大的成效。

借力除患的塞洛克斯公司

干式复印机在今天已经是很平常的办公用品。然而，美国塞洛克斯公司当年将干式复印机推向和占领市场，却很是费了一番心思。

20世纪40年代前，市面上使用的复印机都是湿式的，这种复印机在使用前必须用专门的涂过感光材料的复印纸，印出的也是湿漉漉的文件，要等晾干后才能取走，极为麻烦。塞洛克斯公司经过反复研制，终于生产出干式复印机——塞洛克斯914型。与湿式复印机相比，干式复印机有诸多优越性。塞洛克斯公司老板威尔逊决定把此产品隆重推出。

起先，威尔逊打算把首批产品以成本价推销出去，借以开拓市场。但是，律师提醒他：这是倾销，是法律不允许的。于是威尔逊走向另一个极端，给复印机定了一个高于成本10多倍的高价：2.95万美元。这种高价暴利出售商品，也是为法律所禁止的。然而，威尔逊却漫不经心地说："不让我出售成品，我就出售品质和服务吧。"

果然不出所料，新型复印机因定价过高被禁止销售。可是，由于展销中人们已经了解到干式复印机的独特性能，消费者都渴望能用上这一奇特的机器。干式复印机早已获得专利，只此一家，别无分店。威尔逊这时便以出租服务的形式重新推出新型复印机，顾客蜂拥而至。尽管出租服务的租金定得并不低，但由于前面整机出售定价定得高，人们计算了一下，仍认为租用值得。

到了1960年，干式复印机流行开来，由于产品为独家垄断，再加上已有的高额租金，所以塞洛克斯914型复印机以较高价格出售，仍供不应求，利润滚滚而来。1960年公司营业额达3.3亿美元，5年以后，上升到近4亿美元，到1966年，公司年营业额达5.3亿美元。塞洛克斯公司成为美国10年内发展最快的公司之一，迈入巨型企业的行业。

威尔逊的成功在于善于借“力”，播销产品，占领市场。先是借法律禁止高价销售之“力”，封死消费者购买之门，逼其走上租借之路；接着用高定价之“力”，逼消费者付出高租金；后来又用高租金借“力”促使消费者购买整机，从而为高价出售新型复印机铺平了道路。

锦囊妙语

使用借力消除忧患的方法，由来已久，有着广阔的空间。利用别人的力量达到自己的目的，保存或少消耗自己的实力，真正是高明之举。

假戏真做的蔡将军

蔡锷，1882年12月18日出生，家乡在湖南省宝庆亲睦乡蒋家冲（今邵东县渡头桥区蒋家冲村），父辈务农，是一个普通的农民家庭。蔡锷早年留学日本，返国后，参加编练新军。1911年初至云南，任新军第十九镇三十七协协统，与同盟会会员多有联络。武昌起义后，与李根源等发动新军起义，初任总指挥和云南军政府都督兼民政长，曾协助贵州和四川独立。民国初年参与组织统一共和党，以“巩固全国统一，建设完美共和政治，循世界之趋势，发展国力，力图进步”为宗旨，并对省政有所兴革。

袁世凯镇压了革命党人的“二次革命”之后，开始做起了皇帝梦，要在中国恢复帝制。他复辟帝制的倒行逆施，激起了全国人民的无比愤慨，全国人民群起讨伐。其中最早举行大规模武装讨伐的就是云南蔡锷等领导的护国军起义。为了组织和发动这场倒袁的起义斗争，蔡锷与袁世凯斗智斗勇，充分体现了他在处世上的谋略。

二次革命期间，蔡锷对交战双方表示中立，还曾拟联合黔桂两省，作为中间人，主张两方停战，凭据法理解决。对蔡锷的这些举动，袁世凯深为忌恨，但他知道蔡锷是个人才，恐其日后有变，就将蔡锷召入北京，名义上作为自己的助手，隔三岔五地将其召入府中，假惺惺地与其商量大政方针。

蔡锷明白袁世凯的意图，为了不让袁世凯抓住什么把柄，自从入京以后，他自敛锋芒，每每与袁世凯交谈，故作呆钝，且说自己年轻识浅，阅历不深，除军事上略知一二外，难识大体。

袁世凯也是善窥人意，料想只要不放蔡锷出去，在其眼皮底下，总不会怎么的。

于是，袁世凯委蔡锷以“重任”，先任将军府将军，再任全国经界局督办，并选为政院参政。

蔡锷不动声色，不管你封什么官、做什么套子，总是随来随受，得了一官，未尝加喜，添了一职，又未尝推辞。这样一来，倒弄得袁世凯十五只吊桶打水——七上八下，莫名其妙。

一日，袁世凯召蔡锷到总统府，议论恢复帝制一事。蔡锷道：“我原先是赞成共和的，但是二次革命以后，我才知道，这么大的中国没有一个皇帝是统治不住的，我也准备提倡变更国体，现在总统有这个意向，那是太好了，我第一个表示赞成。”

狡猾的袁世凯反问道：“你说的当真吗？为什么南京、江西变乱时，你却要做调解人，帮他们讲话呢？”

蔡锷立即回答道：“此一时、彼一时，那时我远驻云南，离北京太远，长江一带又多是国民党势力范围，恐投鼠忌器，不得不违心地做中间人，还请总统原谅。”

蔡锷神色坦然，解释得合情合理，袁世凯听了，拈须点头微笑，唠叨几句，方才送客。

待步出总统府，蔡锷才觉得出了一身冷汗。

从此以后，蔡锷便主动与那些为帝制摇旗呐喊的大小人物打成一片，成为“知己朋友”，天南地北、海阔天空地胡吹瞎扯，宣扬帝制。

一天，蔡锷与一帮乌合之众吃饱喝足之后，个个酒酣耳热，又谈起帝制。蔡锷便附和道：“‘共和’两字，并非不良，但我国国情人情，却不适合共和。”

宣扬帝制的筹安会的大头目杨度立刻应道：“蔡锷兄，你今日方知‘共和’两字的利害吗？”

蔡锷不敢怠慢，赶紧道：“俗话说得好：‘事非经过不知难。’杨大人还不肯谅解蔡某人吗？”

杨度不甘罢休道：“你是梁启超的高足，他最近做了一篇文章，驳斥帝制，你却来赞成帝制，岂不是背叛老师吗？”

蔡锷笑道：“师生也是人各有志。以前杨大人与梁启超同是保皇派的，为什么他驳斥帝制，你偏又办起筹安会？今天依法责我，我倒要问问老兄，谁是谁非？”

众人大笑，都说蔡锷言之有理、理直气壮。杨度讨了个没趣。

杨度不甘心，红着脸拿出一张纸，递给蔡锷道：“你既然赞成帝制，就应该参加请愿，何不签个大名？”想以此将蔡锷一军。

蔡锷接过一看乃是一张请愿书，便爽快道：“我在总统面前已请过愿了，我签个名儿，有何不可？”遂提起毛笔，信手一挥，潇潇洒洒写了“蔡锷”两字，又签好了押，交给杨度。

大家见他这般爽快，都认为蔡愕真是整个脱了胎、换了骨，疑心荡然无存，个个拍手叫好。

此时，蔡锷正寻找着虎口脱身的机会。

为了能再让袁世凯消除对他的疑心，蔡锷脱掉他那身戎装，西装革履、油头粉面，去那妓院寻花问柳。

想不到蔡锷在妓院结识了有胆有识的闻名京城的小凤仙。

在知书识礼的小凤仙那儿既可排遣忧愁，又可以让袁世凯以为自己一心寻花问柳，心思只在风月场中，以便除去其戒心，所以蔡锷三天两头到小凤仙那儿过宿。

为了把戏演得更真，蔡锷特地让小凤仙备了一桌酒菜，邀请了为帝制蹿上跳下的杨度、梁士治、孙硫等袁世凯的爪牙吃喝戏闹一番。几杯酒过后，蔡锷扬言，要与妻子离婚，娶小凤仙为妻。杨度、梁士治对蔡锷深信不疑，以为蔡锷已不再是云南都督时的蔡锷了，纷纷报告袁世凯。

再看蔡锷，把一切公务都搁置起来，不去过问，整天到小凤仙那儿转来转去，一副神魂颠倒的模样。

一日，蔡锷待夜阑人静，与夫人附耳密语，演出一场“真”离婚的戏来。

第二日清晨，蔡锷乘袁世凯还没有起身，就赶到总统府，要求见袁世凯，待侍官说总统未起，他又故作懊恼状道：“总统起来后，请立即传电话于我。”说完便回家去了。

袁世凯起来之后，听了侍官的禀报，以为有甚大事，立即命令传电话给蔡锷。就在这时，听到汇报：蔡将军在家中与夫人殴打，摔坏好多东西。

袁世凯立即派王缉唐、朱启钤前去调解。

王、朱二人进入蔡锷家中，只见蔡夫人披头散发、泪流满面地躺在地上，地上被摔坏的东西是乱七八糟。蔡锷在一旁自顾自地骂。待他们二人一番劝解，蔡锷更是火上浇油，骂得更凶，哪知蔡夫人更是毫不示弱道：“与其被你打死，倒不如回娘家去。”说罢，卷起行李，带了两个仆人，别人劝也劝不住，当即回娘家去了。

王缉唐见蔡锷妻离家破，也是暗暗高兴，遂道：“总统召你入府，你快与我们同去。”

蔡锷故作懊丧道：“我为了这泼妇，竟忘了此事。”

袁世凯闻之，终于彻底放心，对儿子袁克定说：“我以为蔡锷有才有干，可办大事，谁知他也不能治家，我也可高枕无忧了。”

蔡锷见袁世凯放松了对他的监视，暗中与梁启超策划反袁，寻机脱身。

1915 年 11 月初，蔡锷以去天津看病为由，在小凤仙的巧妙配合之下，设法躲过了北洋警探的跟踪，绕道日本、台湾、香港、越南，于12月21日偕同戴勘等人秘密到达昆明。

蔡锷终于虎口脱险，不久即和唐继尧组织护国军讨袁。

锦囊妙语

对方已经知道自己的能量，所以对自己特意提防。所以只有故作呆钝，才能寻机脱身。

巧用激将法的梅特涅

1812年拿破仑侵俄战争失败后，俄、英、普等国组成反法同盟军，开始反攻。拿破仑虽取得一些战役的胜利，但总的趋势每况愈下。法国的盟国奥地利一面积极备战，一面以停止结盟相威胁，提出了种种条件，拿破仑断然拒绝。1813年7月，拿破仑在德累斯顿的马尔哥利宫会见奥地利使者梅特涅。他想借此机会威胁梅特涅，并且探听他最近和沙皇会谈的结果。

拿破仑腰悬宝剑，腋下挟着帽子，威仪十足地接见梅特涅。说了几句客套话，问候了弗兰西斯皇帝后，他面孔一沉就单刀直入："原来你们也想打仗。好吧，仗是有你们打的。我已经在包岑打败了俄国，现在你们希望轮到自己了。你们愿意这样就这样吧，在维也纳相见。本性难移，经验教训对你们毫无作用。我已经三次让弗兰西斯皇帝重新登上皇位，我答应永远与他和平相处。我娶了他的女儿，当时我对自己说：'你干的是蠢事。'但到底是干了，现在我后悔了。"

梅特涅看到对手火了，忘掉了自己的尊严，于是他愈发冷静，故意刺激拿破仑这头好斗的野牛。他提醒拿破仑说，和平取决于你，你的势力必须缩小到合理的限度，不然你就要在今后的斗争中垮台。拿破仑被他激怒了，声言任何同盟都吓不倒他，不管对方兵力多么强大，他都能制胜。接着，他说他对奥地利的军队有准确的了解，每天都能收到这方面的详细情报，等等。梅特涅打断他的话，提醒拿破仑，如今他的士兵不是大人，都是小孩。拿破仑激动地回答："你不懂得一个军人是怎么想的。像我这样的人，不大在乎100万人的生命。"说完，他把帽子扔到一边。梅特涅并没有替他捡起来。

拿破仑注意到这无言的蔑视，只得继续说道："我和一位公主结婚，是想把新的和旧的、中世纪的偏见和我这个世纪的制度融为一体。那是自己骗自己，现在我充分认识到自己的错误。也许我的宝座会因此而倒塌，不过，我要使这个世界埋在一片废墟之中。"梅特涅听后仍然无动于衷。拿破仑见威吓不成，就改用甜言蜜语，进行哄骗笼络。在把梅特涅打发走的时候，拿破仑拍一拍这位奥地利大臣的肩膀，语气平和地说："好啦，你知道事情会怎么样。你不会对我开战吧？"梅特涅马上答道：'陛下，你完了。来时我已有此预感，去时就肯定无疑了。"后来他又对人说："他什么都给我讲清楚了，这个人一切都完了。"不久，奥地利加入了第六次反法同盟的行列。

锦囊妙语

对于别人高深莫测的只言片语，你要佯装不屑一顾，暗中揣度对方的心理，并点点滴滴将秘密引到他们的舌端。对方一旦发烧，便会不顾一切地吐而后快，最后落入你精心巧设之网。

乘疏击懈的安禄山

公元755年，安禄山以讨杨国忠为名，率所部及一些少数民族军队10余万人，号称20万人，由范阳（今北京）急速南征。大军所到之处，绝大多数州县望风而瓦解，或降或逃或被杀，毫无抵抗能力。12月，安禄山已抵达灵昌（今河南滑县西南），利用河水结冰迅速渡过黄河，克陈留、陷荥阳，直逼虎牢（今河南汜水）。

直到此时，安禄山才遇到唐朝由封常青率领的6万官军的阻挡。可是，封常青所率官军都是仓促征集、未曾训练的新兵，哪里经得起安军铁骑的冲杀。封常青大败于虎牢，再败于洛阳城郊，三败于洛阳东门内。百般无奈只得以退为进，与陕州的高仙芝合军，弃城让地，退守潼关，企图据险抗击，防止安军进入长安。唐玄宗心急火燎要反攻，怒斩敢于后退避敌的封常青和高仙芝。派哥舒翰带8万兵马前往潼关替代，一面敕令天下四面出兵，全攻东都洛阳。

安禄山本拟从洛阳亲攻潼关，以便一举夺下西京长安推翻唐朝。不料河北军民在颜杲卿、颜真卿的带动下奋起抗击，声势浩大，切断了洛阳官军与范阳老巢的联系。加上李光弼、郭子仪两大将军及时率兵出陉，与河北军民声气相连，对安军形成了很大的威胁。安禄山只得退洛阳重作部署：派猛将史思明回救河北，令儿子安庆绪攻夺潼关。无奈河北军尤其是名将李光弼、郭子仪足智多谋、英勇善战，史思明连连败退。而哥舒翰则凭潼关险只守不出，安军根本无法西进。唐朝终于稳住阵脚，有了抽调优秀兵力以一举灭敌的机会。安禄山则前阻潼关，后断归路，虽已迫不及待地在洛阳当起了大燕皇帝，实际心虚途穷，无所作为了。

不料，正在安禄山日夜担心的时候，唐玄宗竟听信杨国忠的片面情报，下令哥舒翰急出潼关，进灭安军。哥舒翰只得放弃天险进攻10余万唐军将士，就此丧命于安军的伏杀之中。长安的屏障无端落入叛军之手。

潼关失守，长安乱作一团。原本怒不可遏，急于平叛的唐玄宗，此时已志丧神靡，只带了杨贵妃姐妹及皇子皇孙，颤抖着乘夜溜出长安，逃往西蜀。公元765年，安禄山又轻轻巧巧地夺取了西京长安……这就是使唐朝由强盛的顶峰走向衰败之深渊的关键点——“安史之乱”的第一个阶段。

人们不禁要问：大唐正处强盛之际，虽然朝政已开始衰败，但依然拥有80万雄兵、一大批忠于皇室愿意效死疆场的将帅和历史上最广阔的国土以及取之不尽的战略资源；而区区安禄山虽性狡诈，但并无雄才大志，虽控兵近20万，但仍不足唐军1/4，且反叛朝廷不得人心，却为何能势如破竹，瞬间攻战唐朝两京，逼得唐玄宗闻风而逃呢？这里主要的原因，是由于安禄山成功地运用了“假阳行阴，乘疏击懈”的计谋。

戒备松懈之敌，势必思想麻痹，斗志涣散，指挥不力，协同不好，反应迟钝，战斗力弱。“乘疏击懈”就是要出其不意地在这种时机向敌人发起猛攻，使敌人措手不及，神志混乱，失去抵抗能力。但在一般情况下，敌人不会麻痹松懈。因此在发起猛攻之前，往往要通过“假阳行阴”来迷惑敌人，使自己养精蓄锐。“阳”是公开、暴露，“阴”是伪装、隐蔽。“假阳行阴”就是用公开的行动来掩护隐蔽的企图和行为。

安禄山在发起攻击之前，用了整整10年时间来行施“假阳行阴”的计策。

安禄山的“假阳”就是故意装出痴直、笃忠的样子，赢得唐玄宗百般信任，对他毫不防备。公元743年，安禄山已任平卢节度使，入朝时玄宗常常接见他，并对他特别优待。他竟乘机上奏说：“去年营州一带昆虫大嚼庄稼，臣即焚香祝天：‘我如果操心不正，事君不忠，愿使虫食臣心；否则请赶快把虫驱散。’下臣祝告完毕，当即有大批大批的鸟儿从北边飞下来，昆虫无不毙命。这件事说明只要为臣的效忠，老天必然保佑。应该把它写到史书上去。”

如此谎言，本十分可笑，但由于安禄山善于逢迎，玄宗竟信以为真，并更加认为他憨直诚笃。安禄山是东北混血少数民族人，他常对玄宗说：“臣生长蕃戎，仰蒙皇恩，得极宠荣，自愧愚蠢，不足胜任，保有以身为国家死，聊报皇恩。”玄宗甚喜。

有一次正好皇太子在场，玄宗与安禄山相见，安禄山故意不拜，殿前侍监喝问：“禄山见殿下何故不拜?”安禄山佯惊道：“殿下何称?”玄宗微笑说：“殿下即皇太子。”安禄山复道：“臣不识朝廷礼仪，皇太子又是什么官?”玄宗大笑说：“朕百年后，当将帝位托付，故叫太子。”安禄山这才装作刚刚醒悟似的说：“愚臣只知有陛下，不知有皇太子，罪该万死。”并向太子礼拜，玄宗感其“朴诚”，大加赞美。

公元747年的一天，玄宗设宴。安禄山自请以胡旋舞呈献。玄宗见其大腹便便竟能作舞，笑着问：“腹中有何东西，如此庞大?”安禄山随口答道：“只有赤心!”玄宗更高兴，命他与贵妃兄妹为异性兄弟。安禄山竟厚着脸皮请求做贵妃的儿子。从此安禄山出入禁宫如同皇帝家里人一般。杨贵妃与他打得火热，玄宗更加宠信他，竟把天下1/4左右的精兵交给他掌管。

安禄山的叛乱阴谋许多人都有察觉，一再向玄宗提出。但唐玄宗被安禄山“假阳行阴”之计所迷惑，将所有奏章看做是对安禄山的妒忌，对安禄山不仅不防，反而予以同情和怜惜，不断施以恩宠，让他由平卢节度使再兼范阳节度使、河东节度使等要职。

安禄山假阳行阴之计得手，唐玄宗对他已只有宠信毫不设防，便紧接着采取“乘疏击懈”的办法，搞突然袭击。他的战略部署是倾全力取道河北，直扑东西两京（长安和洛阳）。

这样，安禄山虽然只有10余万兵力，不及唐军1/4，但唐的猛将精兵，皆聚于西北，对安禄山毫不防备，广大内地包括两京只有8万人，河南河北更是兵稀将寡。且平安已久，武备废弛，面对安禄山一路进兵，步骑精锐沿太行山东侧河北平原进逼两京，自然是惊慌失措，毫无抵抗能力。因而，安禄山从北京起程到袭占洛阳只花了33天时间。

唐朝毕竟比安禄山实力雄厚，惊恐之余的仓促应变，也在潼关阻挡了叛军锋锐，又在河北一举切断了叛军与大本营的联系。然而无比宠信的大臣竟突然反叛，唐玄宗既被“假阳行阴”之计所震怒，又被“乘疏击懈”之计刺伤自尊心，变得十分急躁。而孙子曰：“主不可以怒而兴师，将不可以愠而致战。”安禄山的计谋已足使唐玄宗失去了指挥战争所必需的客观冷静，又怒又急之中，忘记唐朝所需要的就是稳住阵脚，赢得时间以调精兵一举聚歼叛军之要义，草率地斩杀防守得当的封常青、高仙芝，并强令哥舒翰放弃潼关天险出击叛军，哪有不全军覆灭、一溃千里的呢？

安军占领潼关后曾止军10日，进入长安后也不组织追击，使唐玄宗安然脱逃。可见安禄山目光短浅，他只想巩固所占领的两京并接通河北老巢，消化所掠得的财富，好好享受大燕皇帝的滋味，并无彻底捣碎唐朝政权的雄图大略。然而，就是这样一个目光短浅的无赖之徒，竟然把大唐皇帝打得溃退千里，足见“假阳行阴，乘疏击懈”计谋的效力了。

锦囊妙语

生活中不乏挂羊头卖狗肉之事，用假阳行阴之计，当对手疏忽懈怠时，割取他的脑袋，他还不知道是谁下的毒手。

深藏不露的戴高乐

1944 年盟军实现诺曼底登陆后，由马克·克拉克将军指挥的第五集团军驻扎在意大利。

在此期间，夏尔·戴高乐来到意大利与克拉克会晤。译员是克拉克将军的副官阿·沃尔特斯，此人后来在里根政府中担任美国驻联合国大使。沃尔特斯当时觉得很奇怪，因为戴高乐将军在伦敦居住已有 4 年之久，他猜测戴高乐英语一定说得很好，为什么还要译员呢？这时，有人拿来一份很流行的美国杂志给沃尔特斯看。上面有介绍戴高乐将军本人情况的长篇文章，提到他虽然在伦敦居住很久，但并不会说英语，这才驱散了聚在沃尔特斯心头的疑云。戴高乐到达后，与克拉克将军在篷车里举行了会谈。

会谈的主题是，把拨归克拉克将军指挥的法国军团调去参加即将开始的法国南部登陆作战。沃尔特斯把戴高乐将军的话译成英语，把克拉克将军的话译成法语。有时，克拉克将军用“不”字来回答问题。遇此情况，戴高乐总是问沃尔特斯，克拉克在说什么？这种情况和其他迹象很快证实了沃尔特斯的想法：戴高乐将军既不会说英语，也听不懂英语。于是，沃尔特斯胆子大起来了，他把戴高乐的话译成英语时，开始加进一些自己的话。例如，他有时说：“戴高乐将军说他不能这样做；但我认为，如果您再坚持一下，他会同意的。”或者说：“他说他同意，但我认为他对这件事并不十分热情。”会谈结束后，戴高乐将军起身告辞。他转过身来，用流利的但有些外国腔的英语对克拉克将军说：“克拉克将军，我们的谈话很有益，很有意义。我们下次会面，会是在解放了的法国土地上，这是我衷心希望的，而且我深信在不久的将来一定能够实现。”沃尔特斯立即意识到，戴高乐显然听懂了他说的一切插话。沃尔特斯不禁惶恐之至。他全身紧靠着篷车壁，给戴高乐让路。戴高乐转向他，面带一丝微笑，拍了拍他的肩膀，用英语说：“沃尔特斯，你的工作很出色。”

这是他们的首次见面，后来他们曾多次相遇。他们成了很要好的朋友。

锦囊妙语

深藏不露，需要表演才能，瞎子吃汤圆，心里有数。拿出来表演的，不过是为了愚人耳目。这样有利于保护自己，看清他人。

欲取故予的郑武公

郑武公是一个足智多谋、穷兵黩武的诸侯，他要扩张地盘，便打邻邦胡国的主意。但当时胡国是一个强大的国家。国王勇猛善战，经常骚扰边疆。用武力固然不容易，想政治渗透根本也不可能，因为当时郑武公对胡国的内情实在是一无所知。

在这样文武无所施其技的时候，唯有采取逐步渗透的战略，郑武公不得不忍耐一下，派遣一个亲信到胡国去，说要攀个亲戚，把自己的女儿嫁给胡国国王。国王听说自然万分高兴。这样，郑武公就做了胡国国王的岳父。

这位新夫人是负有使命的。她到了胡国，下足媚劲，把国王迷惑得昏头昏脑，日日夜夜，花天酒地，连朝也懒得上了，对国家大事简直置之不理。

郑武公知道了，心里暗自高兴。过了相当时期，他忽然召开了一个公开的会议，出席的全是文武高级官员，商议着要怎样开拓疆土，向哪一方面进攻。

大夫关其思说："从目前形势看，要扩张势力，相当困难，各诸侯国都是守望相助的，有攻守同盟的，一旦有事，必会增强他们的团结，一致与本国为敌。唯有一条路比较容易发展，那就是向'不与中国'的胡国进攻，既可以得实利，名义上又可替朝廷征讨外族，巩固周邦。"

郑武公一听，把脸一沉反问他："你难道不知道胡国国王是我的女婿吗？"

关其思还继续大发议论，口沫横飞地说出一大套非进攻胡国不可的理由，特别是强调国家大事，不可牵涉儿女私情的话。

“放狗屁！”郑武公火了，厉声斥责他：“这话亏你说得出口！你要陷我于不仁不义吗？你想要我女儿守寡吗？好吧，你既然有兴趣叫人家做寡妇，就让你老婆先尝尝这滋味吧！左右！绑这家伙去斩了！”

关其思被斩的消息很快传到了胡国，国王更加感激这位岳父大人。他认为郑国再也不会找胡国闹事，便放心了，之后更加纵情于声色，渐渐地连边关都松弛下来，而且郑国的情报人员也可以自由出入。

郑武公已掌握了胡国军政内情，认为时机成熟了，突然下令挥军进攻胡国。

各大臣都莫名其妙，连忙问：“大王！关大夫过去是因为劝进兵胡国而被斩首的，为什么隔不多久，又要伐胡呢？岂不是出尔反尔？”

“哈哈，哈哈……”郑武公大笑一阵后，摸摸胡子，向群臣解释：“你们根本不知兵不厌诈的妙用，这是我的‘欲取故予’的计谋呀！我对胡国早就打定了主意，肯牺牲女儿嫁给他，是为了刺探其国防秘密，斩关其思也不外想坚定他的无外忧之虑的信心，使其放松防备，一到时机成熟，就出其不意，一下子就可以把胡国拿到手。”

“可是，大王”，其中一人说，“这样您的女儿不是要守寡吗？”

“还是关大夫说得对，国家大事，怎么可以牵涉儿女私情呢？”

果然，郑国所到之处，势如破竹，仅几个回合，整个胡国已入了郑国版图，那位快婿只空留一个脑袋去朝见岳父大人了。

锦囊妙语

在实力不够强大的时候，需要你做一个耐心的垂钓者，耐心地等待时机的出现。而这种等待，却又不是消极地等，“予”，是积极地放纵对方，从而给自己以可乘之机。

李代桃僵的克罗克

麦当劳董事长克罗克年轻时没读完中学就出来做工，以维持生计。后来他在一家工厂当上了推销员，生活有了明显的改善，同时，他在推销产品过程中也结交了许多朋友，积累了大量有关经营管理方面的宝贵经验。后来，他决定创办自己的公司。

通过市场调查，克罗克发现当时美国的餐饮业已远远不能满足变化了的时代的要求，急需改革，以适应亿万美国人的快餐需求。但是，克罗克面临的首要问题就是资金问题，对于一贫如洗的克罗克来说，自己开办餐馆根本就不可能。

最后，他终于想出了一个好办法。他在做推销员工作时曾认识了开餐馆的麦克唐纳兄弟，自己可以到他们的餐馆中学习，最后实现自己的理想。

于是，克罗克找到麦氏兄弟，讲述了自己目前的窘境，最后得到了对方的同情，答应留他在餐馆做工。

克罗克深知这两位老板的心理特点，为了尽早实现自己的目标，他又主动提出在当店员期间兼做原来的推销工作，并把推销收入的5%让利给老板。

为取得老板的信任，克罗克工作异常勤奋，起早贪黑，任劳任怨。他曾多次建议麦氏兄弟改善营业环境，以吸引更多的顾客，并提出配制份饭、轻便包装、送饭上门等一系列经营方法，扩大业务范围，增加服务种类，获取更多的营业收入。他还建议在店堂里安装音响设备，使顾客更加舒适地用餐；大力改善食品卫生，狠抓饮食质量，以维护服务信誉；认真挑选店堂服务员，尽量雇用动作敏捷、服务周到的年轻姑娘当前厅招待，而那些牙齿不整洁、相貌平常的人则被安排到后方工作，做到人尽其才，确保服务质量，更好地招待顾客。

克罗克为店里招徕了不少顾客，老板对他更是言听计从了。餐馆名义上仍是麦氏兄弟的，但实际上其经营管理、决策权完全掌握在克罗克的手中。不知不觉，克罗克已在店里干了6个年头。时机终于成熟了，他通过各种途径筹集到了一大笔贷款，然后跟麦氏兄弟摊牌。起初，克罗克先提出较为苛刻的条件，对方坚决不答应，克罗克稍作让步后，双方又经过激烈的讨价还价，最终克罗克以270万美元的现金买下麦氏餐馆，由他独自经营。

第二天，该餐馆里发生了引人注目的主仆易位事件，店员居然炒了老板的鱿鱼，这在当时可以说是当地的特大新闻，引起了巨大的轰动，而快餐馆的名字也借众人之口深入人心，大大提高了其在美国的知名度。克罗克入主快餐馆后，经营管理更加出色，很快就以崭新的面貌享誉全美，经过20多年的苦心经营，总资产已达42亿美元，成为国际十大知名餐馆之一。

克罗克的低调战术取得了成功。他仅以让利5%就轻易打入了麦氏快餐馆，随后通过长时间的努力工作换取了兄弟俩的信赖，使兄弟俩认为他处处替自己着想，感到双方利益一致，便自动消除了对他的猜忌，愉快地接受了他的多种建议。经过逐步渗透、架空，老板本已“名存实亡”，最后一场交易，全部吃掉了麦克唐纳快餐馆。

锦囊妙语

将自己的企图隐藏在明显的事物之中，以达到自己的目的。因为一般人对司空见惯的事物往往是不会怀疑的。

以牙还牙的多米尼加

1962年6月，多米尼加政府听到本国官员报告说：到美国去的多米尼加人在美国海关被没完没了地找麻烦——检查身份证总是一拖几个小时；在健康检疫已符合规定的情况下，美国人还用一些新规定来刁难。经外交查询，美国人的回答是：“对个人身份的检查是保证国内安全的一种例行公务。我们也不相信你们的检疫证明。”

为此，多米尼加国家保安局派贡萨拉斯·玛达和带普通护照以一般公民身份出现的助手，亲自去美国体验。由于贡萨拉斯·玛达的特殊身份很快通过了检查，而那几个助手却被留住刁难几个小时。多米尼加共和国国务院为此向美国领事馆提出抗议，美国领事表示要尽快调查，但迟迟不见行动。

多米尼加国务院授权玛达办理此事。玛达接到指示决定以牙还牙。他立刻通知机场保安局："把到我国的下一批美国人全阻留在机场，检查时间狠狠地拖长，请随时向我汇报。"机场保安局非常了解玛达的意图。他们把下一批飞机上的美国人全部扣留。玛达得知后，称道："太好了！他们有没有外交身份当掩护？"回答："没有。他们是一个商业公司的代表团。我们已经没收了他们的护照和免役检查证，但是美国领事已亲自到这里等待处理此事，而且还大发雷霆。"

3个多小时后，玛达来到机场。他面带笑容，若无其事地敷衍着那位已经歇斯底里的领事先生。此人一见到玛达，就立即大喊："玛达，可找着您啦！我们到处找您，已经找了3个多小时啦。""出了什么事，亲爱的朋友？"玛达认真地问道。"这种检查太令人气愤了！"领事先生急呼道。"领事先生，"玛达解释，"警察只是遵照我的指令行事，您很明白我们这样做是为了国内的安全。这些人可能在来我国的途中，就已经变成了不受欢迎的人了。况且他们的免疫检查证也不合要求，所以我们要重新为他们进行接种注射。不过注射后要很好地休息一段时间，才能正常工作。"

这件事并没有引起两国的外交纠纷，因为美国很清楚这场教训的症结所在。以后，多米尼加人再经过美国海关时，就再没有受到刁难。

锦囊妙语

《旧约全书·申命记》中说："以眼还眼，以牙还牙，以手还手，以脚还脚。"有时对待对手的刁难是无法用好言善行来解决的，唯有用有理有节的报复行动来解决。

胸有大计的管仲

春秋时期，齐国宰相管仲把齐国治理得有条不紊，征服了许多割据一方的诸侯小国。后来，只剩下楚国不听齐国的号令。于是，齐国又准备征服楚国。

当时，齐国有好几位大将军纷纷向齐桓公请战，要求率重兵去攻打楚国。担任宰相的管仲却连连摇头。他激动地对大将军们说："齐楚交战，旗鼓相当，够一阵拼杀的。齐国就粮草而言，得把辛辛苦苦积蓄下的粮草倾仓用光；更有齐楚两国万人的生灵将成尸骨!"

大将军们哑口无言，都用询问的目光注视着智慧超人、功劳卓著的管仲。管仲却不慌不忙，带领大将军们看齐人炼铜铸钱去了。

一天，管仲派 100 多名商人到楚国去购鹿。当时，鹿是较稀少的动物，仅楚国才有。但人们只把鹿作为一般的可食动物，2 枚铜币就买一头。管仲派的商人在楚国到处扬言："齐桓公好鹿，不惜重金。"

齐商人开始购鹿，3 枚铜币一头，过了 10 天，加价为 5 枚铜币一头。

楚国成王和大臣闻此事后，颇为兴奋。他们认为繁荣昌盛的齐国即将遭殃，因为 10 年前卫国的卫懿公好鹤而把国亡了，齐桓公好鹿正蹈其覆辙。他们在殿里大吃大喝，等待齐国大伤元气，他们好坐得天下。

管仲却把鹿价又提高到 50 枚铜币一头。

楚人见一头鹿的价钱如此之高，纷纷做猎具奔往深山去捕鹿，不再种田；连楚国官兵也陆续将兵器换成猎具，偷偷上山了。

又一年，楚国遭到大荒，铜币却堆成了山。

楚人欲用铜币去买粮食，却无处买。管仲已发号施令，禁止各诸侯国与楚国通粮。

这么一来，楚军人黄马瘦，大大削弱了战斗力。管仲见时机已到，即集合八路诸侯之军，浩浩荡荡，开往楚境，大有席卷残云之势。楚成王内外交困，无可奈何，忙派大臣求和，同意不再割据一方，欺凌小国，保证接受齐国的号令。

管仲不动一刀，不杀一人，就治服了本来强大的楚国，为东周列国赢得了一个安定的时期。

锦囊妙语

没有雄心大志，就不会有超越时空的大意图；没有超越时空的大意图，就不会有无可比拟的大计划；没有无可比拟的大计划，就没有坚定、果敢的宏伟行动与力量。

巧用水攻致胜的耿恭

耿恭在汉明帝时就任西域校尉。当时汉朝国力不强，北面的匈奴兵力却挺雄厚。耿恭才上任几个月，北匈奴单于就派大将领兵2万打进车师国，杀了归附汉的车师国国王。耿恭手中只有几千军马，但他并不示弱，主动进攻打了个大胜仗，杀了几千名匈奴后，终因寡不敌众，只好退到城中坚守。

当时，另一个校尉关宠带着几千兵马驻扎在车师国前王部，无法支援耿恭。汉朝在西域没有其他兵马，耿恭可谓孤军作战。

匈奴的大将也很有心计。他知道形势对自己有利，再猛攻几次钭城后，采取围困的方法，不让粮食运进城，打算将耿恭困死。

耿恭早就做了准备，预先在城里储下大批粮食，有了粮食，军心稳定。双方坚持了不少日子。匈奴大将深知城内粮食很多，又想出一条毒计，他把流进城里的河道全部堵死，人可以饿十天，却不能一日无水，他认为耿恭这下子算完了。

没过几天，城内便发生水荒。一天黑夜，耿恭选了一批勇猛的士兵，悄悄出城掘河，但匈奴军早有准备。双方混战一场，各有伤亡，河道未能掘开。

第二天，匈奴大将骑着马，让军士用长矛挑着几颗汉军士兵的头颅在城外耀武扬威。汉军也不示弱，也把昨夜斩获的匈奴士兵脑袋挂在城墙上。匈奴大将劝耿恭投降，否则就要把汉军渴死。耿恭说：“你把河道堵死就能就渴死我吗？没有河水我可以掘井。”匈奴大将仰天大笑，气焰嚣张，他说：“你尽管掘吧。从来没听说这里能掘出井水，除非有神灵保佑你。”耿恭下令，在城内东、南、西、北中等方位同时打井。可是井打了15丈（1丈约合3.33米）深，别说出水，连一点湿土都没见到。

城中已经断水，兵士们渴得没办法，只好喝马尿。马尿不够喝，又把粪挤出汁来解渴。生活条件实在太苦，兵士中起了恐慌。

由于缺水，士兵体力下降，连出城和匈奴死拼的可能都没有了。耿恭深知，唯一的出路就是打出井水。

打井的士兵饥渴难当，不免心灰意冷，耿恭亲自下到井中掘土。士兵见将帅如此，精神受到鼓舞，坚持不懈地挖下去。

匈奴大将望见城头守军个个唇焦口干，面黄肌瘦，认为已不堪一击。他下令第二天攻城。

当天夜里，汉军依然拼命掘井。掘到二十五六丈深时，土开始变湿。也就是说离水层不远了。

汉军士兵像喝了酒那样兴奋，猛力挖掘，到了快天亮时，有一口井涌出水来，打井终于成功了。

此时，守城的士兵来报告，匈奴军队正在城外集结，看来要发动进攻。

耿恭考虑了一下，认为自己的士兵连饥带渴，体力衰弱，就算马上喝足水，也不能恢复到打仗所需的体力，再说水少人多，一下子也分不过来。

于是，耿恭对士兵说：“我知道你们很渴，我也很渴，有一个方法让匈奴退兵，但是需要水。所以大家先不要喝，用桶把水装上，运到城墙上去。”

耿恭平日很得军心，自己又能以身作则，所以在这种情况下，士兵依然坚决执行了命令。运到城墙上的水只有10余桶，耿恭又让士兵放了十几个空桶在旁边。然后他挑了一批较强壮的士兵立在城墙上守卫。

刚布置妥当，匈奴大将就率领兵马来到城下。望见城墙上的大桶和严阵以待的士兵，匈奴大将疑惑不解，让士兵暂不进攻。

耿恭立在城头上，大声说：“大汉的将士有神灵保佑，你们堵了河道，有神灵给我们送水。我们的水比河水好喝多了。你们要想尝尝也可以。”

耿恭说完便让士兵一桶桶向城下倒水。1万余名匈奴将士看得目瞪口呆。

过了一会，不知谁先拨转马头，一会儿工夫，1 万多匈奴兵马拼命往北逃，逃得像背后有鬼在追一样快。

锦囊妙语

从心理上动摇对方的军心，在特定条件下利用不同的方法，这里面透露出的智慧，确是应当学习的无价之宝。

大智若愚的丹麦商人

丹麦一家大规模的技术建设公司，准备参加前联邦德国在中东的某一全套工厂设备签约招标工程。开始时，他们认为无法中标，后来经过详细地研究分析，在技术上经过充分的讨论，他们相信自己比其他竞争对手有更优越的条件，中标是很有希望的。

在同德方经过一段时间的谈判后，丹麦公司方面想早点结束谈判，抓紧时间争取早日达成协议，尽早和对方签约。可是，德方代表却认为应该继续进行会谈。在会谈中，德方一位高级人员说："我们进行契约招标时，对金额部分采取保留态度，这一点你们一定能够理解的。现在我要谈点看法，这可能很伤感情，就是请贵公司再减 2.5%。我们曾把这同一个提案告诉了其他公司，现在只等他们回答，我们便可作出决定了。对我们来说，选谁都一样。不过，我们是真心想同贵公司做这笔生意的。"

丹麦方面回答："我们必须商量一下。"

一个半小时以后，丹麦人回到了谈判桌旁，他们故意误解对方的意思，回答说，他们已经把规格明细表按照德方所要求的价格编写，接着又一一列出可以删除的项目。德方看情况不对，马上说明："不对，你们搞错了。本公司的意思是希望你们仍将规格明细表保持原状。"接下来的讨论便围绕着规格明细表打转，根本没有提到降价的问题。

又过了一小时，丹麦方面准备结束会谈，于是就向德方提出："你们希望减价多少?”德方回答说:“如果我们要求贵公司削减成本,但明细表不作改动,我们的交易还能成功吗?”这一回答其实已经表明了对方同意了丹麦公司的意见,于是丹麦公司向对方陈述了该如何工作,才能使德方获得更大的利益。德方听了之后表现出极大的兴趣。丹麦方面则主动要求请德方拨出负责监察的部分工作,交由丹麦公司分担。这样一来,交易谈成了,德方得到了所希望得到的利益,丹麦公司几乎也没有作出什么让步。

锦囊妙语

巧装糊涂,故意误解对方的意思,并且巧妙地转移了对方的兴趣,从而如愿以偿,达到目的。

拿自己开涮的威尔逊

在“纽约南社”举行的一次午宴上,主人把刚被选为新泽西州州长的威尔逊介绍成是“未来的美国大总统”,这自然是对威尔逊的一种恭维。威尔逊讲了几句开场白后,针对这个抬举开起了玩笑:“我感觉自己在某一方面——我希望只是在这方面——类似于别人给我讲的一个故事里的人物。”

接着他讲了一件趣事:一次,也是几个朋友在一块儿聚会。当时有个朋友想挑战一下一种有名的威士忌——松鼠酒,之所以取名“松鼠”,是因为据说凡是喝了这种酒的人都会爬树。结果,有位先生喝得太多了。当大家一起去搭火车返回时,他竟把方向给弄反了,本来他应该往北去,他却坐上了往南的火车。他的伙伴们想把他弄回去,就打电报给列车管理员说:“请把那个叫约翰逊的小子送到往北走的火车上来,他喝醉酒了。”没想到,对方立刻就有了回电:“请说得详细点。这车子里有13个这样的人——他们既不知道自己的姓名,也不知道目的地在哪儿。”

说完这个故事后,威尔逊幽默地说:“我现在倒确实是知道自己的名字,可是我却不能——像那位先生一样——确定我的目的地在哪儿。”听众哄堂大笑。紧接着，威尔逊又讲了另外一个令人捧腹的滑稽故事，听众被他亲近的举止彻底征服，从而调动起了大家欢快的情绪。

威尔逊的讲话之所以获得了很好的效果，是因为他抓住了大家的心理：当说笑话的人拿自己打趣时，往往能引起人们的大笑特笑，听众认为这种笑话是值得一笑的。而威尔逊要达到的目的，并不仅仅是博人一笑。实际上，他是用了一个最有力量的方法——以降低自己的“自我”为代价，把别人的“自我”提高起来，来消除一些固有的嫌隙，获取人们对他的支持和帮助。当时，在听了故事而发笑的人中间，恐怕很少有人注意到自身所产生的变化吧。但事实就是，他们立刻产生了对威尔逊的好感。

锦囊妙语

使自身获得荣耀最为妥当的办法，就是先让别人比你更为光荣。在某些特定的情况下，我们往往要面临怎样去消除与他人之间的隔阂的问题。在这种情况下，拿自己开涮，就是一个有效的计谋。

和安邻邦的魏绛

春秋争霸，虽然大都处在你死我活的打斗之中，但是，在各诸侯国之间，以及各诸侯国与外族之间，也不乏和平友好相处的时期。并且，在争夺霸权的斗争中，这种和平共处也是一种重要的计谋。

魏绛和戎就是一例。晋悼公对内政大力进行整顿，君臣之间团结一致，国力强盛起来，声威大震，北方的戎人不敢侧视。公元前569年，北方戎人无终部落酋长喜父派孟乐到晋国，通过魏绛的关系给悼公献上了一些虎豹皮，请求晋国与戎人各部落讲和。

对于戎人的纳贡求和，晋悼公不想应允。他说：“戎狄他们都不讲信义，贪得无厌，不如讨伐他们。”

魏绛分析了当时晋国所处的地位和形势，劝谏晋悼公说："各诸侯刚刚归服我们，陈国也是在最近才归服于我们，并且正在观察我们的表现。如果我们有德他们就会更亲近我们，否则，就会背叛。现在如果我们兴师动众去征伐戎狄，让楚国乘机攻打陈国，而我们又不能去救援他们，这实际上是抛弃陈国。中原诸国也必然会背叛我们。戎狄本来就难以驾驭，如果我们征服了戎狄却失去了中原各国，恐怕得不偿失吧！"接着，魏绛向悼公讲了后羿的故事，劝诫悼公不要过分热衷于田猎等事。

听了魏绛的话，悼公仍然犹豫不决，他问："还有没有比跟戎狄讲和更好的办法呢？"

魏绛回答说："与戎人讲和，有五大好处：戎狄四处流动，逐水草而居，他们重财轻土，我们可以把他们的土地买来，这是第一点；边疆不必再加强警备防守，百姓可以安心耕种，管理边疆农田的官员也可以完成任务了，这是第二点；一旦戎狄侍奉晋国，四周各国必然被惊动，各诸侯会因为我们的威望而更加顺服，这是第三点；以德行安抚戎狄，能免去将士远征之苦，武器也不会被损坏，这是第四点；汲取后羿亡国的教训，推行德政，使远方的国家来朝，邻近的国家安心，这是第五点。同戎人讲和有这样多的好处，主公还是认真考虑一下吧！"

悼公听后非常高兴，便让魏绛和戎狄各部落结盟。

晋人和戎人讲和，使晋国解除了后顾之忧，同时，为其同楚国的争霸提供了兵力。悼公为了表彰魏绛和戎的功绩，给予他很高的奖赏。

锦囊妙语

和平共处在于相安无事，使各方能够合理地调配和使用人力、物力、财力，去攻克主要方向，解决主要问题，对付主要敌人。

假装糊涂的刘伶

人称"竹林七贤"之一的刘伶，也是一个善于假装糊涂、真聪明的人。

刘伶之所以要做假糊涂人，是因为他要有所遮饰。自东汉党锢之祸以来，党同伐异，动辄杀人，已是家常便饭，刘伶不傻，当然看得明明白白。正当司马氏倡导儒学时，刘伶却倾慕玄风，大讲无为之化，又同阮籍、嵇康一见如故，“携手入林”。用现在的话说，就是思想上既不能保持一致，组织上又有敌对之嫌，当然就十分可疑，不堪重用了。刘伶心里明白，便不能不事事小心，处处提防。《晋书》刘伶传说他“澹默少言，不妄交游”，正是那谨慎小心的表现。他不惜意于文翰，多半也是怕被人抓住了把柄。如果再装出一副终日纵酒、胸无大志的模样，便更不致引起对手的忌恨。韬光养晦，此之谓也。

刘伶为了避免遭杀身之祸，做假糊涂人大都富于戏剧性：他在家中喝酒，全身脱得精光。有人看到，觉得不成体统。他却说：“我以天地为房舍，以房舍为衣裤，你们干吗要钻到我裤裆里来呢？”

他驾鹿车出门——那时牛车、羊车、鹿车都有，并非独有马车——带着一壶酒，又叫仆人拿把铲子在后面跟着，并对他说：“我要是醉死了，你就掘个坑把我埋了拉倒。”宋代辛稼轩词“醉后何妨死便埋”便是用的此典。刘伶喝醉了酒，他也会同人争吵。及至那人急了，捋袖揎拳真要揍他，他却和颜悦色，指着胸脯向人道：“这几根鸡骨头，哪当得起您老的拳头。”逗得那人一笑而罢。刘伶的妻子堪称贤德，可是她也未能真正弄懂刘伶喝酒醉糊涂的本意。刘伶的妻子也像一般人家的妻子一样，把照顾丈夫的身体看得比照顾丈夫的心理重要得多。因此，他也像一般人家的太太一样，把酒都藏了起来，不给刘伶喝。刘伶犯了酒瘾，只好去恳求太太给他喝一点。于是急得刘伶的妻子大大发作了一番，把酒壶酒杯统统往地下一起砸了。十分伤心地哭着道：“按说，你早该把酒戒了！”刘伶和颜悦色地安慰太太道：“你说得对啊，我是早该把酒戒了。不过，你也知道，我缺少自制的能力，只有在鬼神前立下誓言，才能真正戒得。你且去准备酒肉吧。”一席话把刘太太哄得心花怒放，飞一般地办下酒肉，供在神像面前，请刘伶立誓。刘伶支开太太，跪下祷祝，祷辞是：“天生一个刘伶，老酒当作性命。一饮便是一斛，再喝五斗酒醒。妇道人家的话，千万不可去听。”祷祝过后，便斟酒叉肉，吃喝起来。待到刘太太进屋，刘伶早已醉倒在地了。

许多人因着刘伶这些轶事，说他忘情肆志，悠悠荡荡，无所用心，好像真是一个对人间万事全不系怀，遗世独立的逸士高人。其实，刘伶完全是为了得个善终，才做假糊涂人而天天喝得酩酊大醉的。

锦囊妙语

> 大聪明的人，对小事大多模糊不清；大糊涂的人，对小事大多会仔细纠缠。对小事观察过于入微乃是大糊涂的根源。

兵不厌诈的纳尔逊

1805年9月2日，维尔纳夫进入加的斯的消息传到伦敦。纳尔逊预感到一场大战即将爆发。因此，他一面向海军部呈送了求战报告，一面安排了后事。他吩咐家人把霍尔威舰长送给他的棺木准备好，并刻上了他决心为国捐躯的誓词。海军部同意的批文很快就下来了，纳尔逊随即起程前往他的旗舰“胜利”号。9月28日，纳尔逊到达加的斯海域与科林伍德会合，并接管了舰队指挥权。为了不让维尔纳夫知道他已回来，他命令不悬旗、不鸣炮，直布罗陀也不刊登有关新闻。纳尔逊悄声无息地返回到了自己的舰队，并受到官兵们的热烈欢迎。第二天，他把所有舰长都召到“胜利”号旗舰的军官舱中，向他们透露了他已考虑很久的作战方案。他所提出的纵队直角穿插、近战歼敌的新战术，使所有舰长都兴奋不已，异口同声地称赞纳尔逊给予他们一个新奇、特殊而又简单的赢得胜利的秘诀。10月9日，纳尔逊正式下达了作战命令。他重申：在未来的决战中，舰长们可随机行事，尽量接近敌人，实施决战，即使没有信号也可以采取行动，只要如此就必然会赢得胜利。在作战命令的最后一条，他特别提到必须将每一个阵亡官兵及其家属名字尽快报告他，以便能使这些殉职官兵的遗属得到抚恤和照顾。

纳尔逊不愧为一个优秀的指挥者。

优秀的指挥者，常能给士兵带来胜利的希望，给部队必胜的信心。因为他本人就是一种鼓舞的力量。优秀的指挥者，能够科学地分析形势，向部下讲清胜利的前途，提出进击的目标方法，这样就可以扫除笼罩在官兵脑海里的阴霾，增添取胜的勇气。优秀的指挥者，在士兵即将奔赴疆场之际，总是以慈父的心肠爱兵励上，并使他们感到后事无挂、虽死犹荣……

1805年10月20日上午，纳尔逊发现了维尔纳夫的舰队，为了引蛇出洞，纳尔逊除了派遣一艘巡洋舰严密监视外，未采取其他行动。此时，纳尔逊已对原定作战方案做了些调整。由于331艘舰船中有6艘战列舰在为一个运输船队护航未归队，他就取消了预备队，进攻敌旗舰的任务由他亲自率领的第一编队完成。第二编队由科林伍德率领，任务不变。

第二天拂晓，法西联合舰队33艘排列成战斗队形，驶抵西班牙特拉法尔加海域。纳尔逊不动声色，一直静观事态的发展，直到6时10分才下令舰队开始行动，“成2列纵队依次前进”。12分钟后，纳尔逊发出备战的信号，整个舰队缓慢地向法西联合舰队逼近。2个小时后，维尔纳夫看出战斗迫在眉睫，遂发出转变航向的命令，企图返回加的斯，但是已经晚了。这个庸将在最后1分钟改变了原计划行动，犯了兵家之大忌，使其整个舰队陷入了混乱。一直到战斗打响，法西联合舰队仍然没有全部完成战斗队列。

11时45分，纳尔逊认为攻击的时机到了，于是在旗舰上发出了他的著名信号：“英国期待着每个军人尽其职责!”所有的英舰立即升旗答复，全军斗志昂扬，热血沸腾。

科林伍德编队首先投入战斗。然而，科林伍德的编队并未保持预想的队形，攻击进行得相当混乱。科林伍德的旗舰“王权”号有一段时间不得不经受7艘敌舰的猛烈攻击，但它仍然突破了法舰“奋激”号和西班牙“圣安娜”号的防线，并重创了“圣安娜”号。不久，紧随其后的另外8艘英舰完成穿插，切断了法西联合舰队前后的联系。双方战舰交织在一起，一场激烈的近战开始了。战斗中，科林伍德编队受到很大损失，“主权”号失去控制后幸被救出，死伤惨重。但英军水兵训练有素，英勇顽强；火炮射速快，命中率高，并充分发挥了两舷火炮可以同时射击的优势，给法西联合舰队的后卫以沉重打击。下午3点钟，当科林伍德的最后一艘军舰投入作战时，整个战斗已接近尾声。10艘敌军舰投降，1艘沉没，只有4艘逃脱，其中有一艘载着身负重伤、奄奄一息的西班牙主将格拉维拉。

纳尔逊编队投入战斗较晚。他的编队一直与敌前锋编队保持着一定距离并排行驶。12 点 15 分，纳尔逊率先头的 3 艘战列脱突然向右转舵，插入敌前锋编队和中央编队的结合部。纳尔逊的新式战列舰装备了许多适于近战的大口径近程炮，因此，为了充分发挥自己的长处，纳尔逊率舰迅速抵近敌舰。法国人也不示弱，以凶猛的炮火回击英国人的进攻，最激烈的战斗在这里爆发了。

纳尔逊的“胜利”号像往常一样，在主桅上悬挂着几面引人注目的司令旗。由于目标明显，它成了敌人炮击的主要目标。12 时 57 分，纳尔逊终于发现一艘双层甲板舰的前桅上悬挂着法西联合舰队司令维尔纳夫的将旗，它就是“布森陶尔”号。狭路相逢勇者胜。纳尔逊立即直插敌旗舰，许多炮弹穿过“布森陶尔”号的舷窗在舰体内爆炸，使该舰损失惨重。与此同时，纳尔逊的其他各舰正按照他的命令，各自为战。午后 2 时 5 分，在另外 3 艘英舰的夹击下，维尔纳夫终于坚持不住，命令“布森陶尔”号下旗投降。

“英国期待着每个军人尽其职责”的信念使纳尔逊在整个战斗中置生死于度外。尽管弹雨横飞，硝烟弥漫，但他为了激励自己的官兵，始终坚持在舰面指挥。他身着长礼服，左胸佩带着他的 4 枚勋章。舰上的医生、牧师和他的随员，几次劝他更衣以免被敌舰枪手发现，但他都坚决地拒绝了。他说：“我在战斗中赢得了它们，我也要在战斗中与它们同命运。”

战争死神一直在纳尔逊身边缠绕。下午 1 时 15 分，一名法国步枪手从战舰的后桅顶上发现了纳尔逊，接着一发子弹准确地射中了纳尔逊的左肩。弹丸穿透他的左肩肩章，射入胸部。他不愿让官兵们看到自己受伤，就用手巾掩盖着自己的脸和勋章。人们马上把他抬到舱下抢救。纳尔逊知道自己将不久于人世，便吩咐了后事，并坚持要医生去照顾其他伤员。他强忍剧痛使脸上保持着往常那样的神色，并不时要求人们报告战况。每当舱面传来士兵们击中敌舰的欢呼声，他的眉宇间就展露出缕缕快意。下午 4 时 30 分，纳尔逊停止了呼吸。他死前留下的最后一句话是：“感谢上帝，我已经尽到了我的职责！”此时，法西联合舰队前卫编队的反扑刚好被粉碎，炮声终于停下来了。

夜幕将临时，海上大风骤起，一连刮了4天，海战中负伤的法西舰船多数都沉没了，只有4艘幸免于难。英国舰队却经受了海战和风暴的考验，未损失1艘军舰。据战后统计，在整个特拉法尔加海战中，英军阵亡449人，伤1214人；法西联合舰队的33艘战列舰中，有12艘被英军俘获，8艘被摧毁，13艘逃脱，阵亡4395人，伤2538人。

费富在《现代欧洲史》一书中写道："特拉法尔加海战中取得的不仅是海上最伟大的胜利，而且也是整个革命战争时期，在陆上和海上所取得的所有胜利中最著名和最伟大的一次胜利。"特拉法尔加海战是帆船海战史上以少胜多的一场漂亮的歼灭战，也是整个19世纪规模最大的一次海战。这次海战以英国舰队的彻底胜利而告结束。由于法国海军主力在这次海战中被歼，拿破仑想要占领英国本土的计划也就彻底被粉碎了。这次海战的重要意义还在于它从此完全确立了英国的海上霸主地位，并使这种海上优势持续了一个多世纪。

智慧的花朵开放在对抗的激流中，而谋略的创造则往往需要一个平静的心境。经过冥思苦想，纳尔逊大胆地提出了一个与传统战术大相径庭的新战术。他预料，在不久的将来，他所面对的可能是一支依照传统作战队形排列的、在数量上略占优势的法国舰队。为了力求全歼对方，他决定将自己的舰队分为3个编队。一个编队由他亲自率领突击敌舰队中央，切断其前后联系，以近战打乱敌队形，使其首尾不能相顾；另一编队由科林伍德率领突击敌后卫，这主要是因为帆船掉头极为困难，在敌前卫掉头驶进前，将可以赢得一段极为宝贵的时间；还有一个是预备队，它将在发现敌旗舰后才发起进攻，一举打垮其指挥机关，使敌人陷入群龙无首的混乱状态，最后逐个歼灭被分割的敌军舰船。

锦囊妙语

成功地运用诈谋，可给自己争取时间，寻找敌人弱点，突然出击，以少胜多。然而，运用诈谋，没有一定的规范，真真假假，虚虚实实。真中有假，虚中有实，以战胜敌人为最终目的。

以短克长的仓敷公司

1926年，日本仿效欧美国家所采用的极端保密的做法开创人造丝工业，建起仓敷人造丝公司，相继研制出尼龙、涤纶。1950年，仓敷的资本金额已达16亿日元，并在世界上第一个实现厂维纶的工业化，从此仓敷凭借“三纶”在日本确立了“合成纤维基石”的重要地位，并跃为世界化纤领域的明星。

1960年，以“野心勃勃的原材料厂家”自居的仓敷，筹集大笔资金研制新型化工材料。至1962年，它的研究所决定把合成革定为主攻方向，必欲通过“极度紧张的、拼死拼活的研究”，使手感极好、与天然皮革相差无几的人造革样品“可乐丽诺”拿出来。

1963年底，一般寒风吹进仓敷：世界首屈一指的化学工业公司——美国杜邦公司秘带投入10倍于仓敷的研究资金（1000亿日元）一举攻克了人造革堡垒，把名叫“科尔伐姆”的样品握在手中。这个曾在世界上第一个完成尼龙工业化的公司，凭雄厚的科研生产能力和资金实力，要让“科尔伐姆”作为商品出现是指日可待的。为知己知彼，仓敷通过一家关系公司的职员到美国买回一双用“科尔伐姆”制作的皮鞋，科研人员用手摸，觉得它“相当硬”、“颇似橡胶”；作横断面分析发现，“科尔伐姆”采用了三层纤维结构。仓敷早已放弃这种工艺，深知杜邦为了追求强度而牺牲了手感。

“既然如此，我们就只能追求手感方面的性能了。”仓敷立即坚定了自己的主攻方向。于是把“可乐丽诺”的研制方针瞄准双层结构，决意凭手感和外观与“科尔伐姆”一争高低。到1964年，仓敷终于研制出“可乐丽诺”新样品，但在批量生产的试验中却屡屡受挫，或强度不够，外形不佳，使投产举步维艰。正在这时，杜邦的“科尔伐姆”在日本登陆了。此时，东洋橡胶公司、东丽公司、日本纺织品公司都来开发人造革商品，而德国的人造丝公司、英国的波佩亚公司也相继表示“参加合成革战争”，这真是雪上加霜，仓敷只有背水一战了。

其后3年，“可乐丽诺”历尽千辛万苦，终于越过强度和外观的巨大障碍，在激烈的市场竞争中崭露头角，并在1967年的“人造革战争”中转败为胜，使仓敷经营状况逐渐转亏为盈。不久，仓敷收到10万平方米的订单，并投入巨资为开拓杜邦脚下的美国市场而扩建“可乐丽诺”生产线。

恰在这时，杜邦公司的一份战书却不请自来，气势汹汹地声讨“‘可乐丽诺’侵害了‘科尔伐姆’有关专利”。仓敷董事兼研究开发部部长中条省悟急忙与杜邦总裁接触。几经交涉才知道，杜邦所说的专利牵涉的范围十分广泛。比如有解决人造革强度的关键工艺“含湿式凝固方法”，又有这一方法使用的催化剂溶解的提取和回收利用。其实，这些技术在人造革研究和生产中，那是理所当然要采用的，无秘密可言。但因美日两国专利法不同，其在美国已形成为专利，而在日本却待申请办理，仓敷故而不具专利权。即便对于杜邦的专利，日本国一时也不会批准的。就是说，在日本国土上不可能为此发生侵权诉讼，就是移至美国争讼，仓敷也可以用阐述“可乐丽诺”与“科尔伐姆”的不同，力争打胜这场赢的希望很大的官司。基于这些看法，更为节省人力、财力的空耗，中条省悟向杜邦总裁表示，希望通过谈判，友好解决纷争。

如何谈判？仓敷公司内部有两种针锋相对的意见，技术部门认为“立足于争”，即使打官司，也要把专利纠纷争个明白；销售部门认“以和为主”，想占领美国市场就得作出妥协。仓敷内部还在争执不已，杜邦公司却猛烈地显示资金实力和开拓国际市场的强劲愿望。它不仅一下子拿出10亿美元在欧美市场作“科尔伐姆”的促销宣传，而且还发信给“可乐丽诺”的销售网和用户，说“仓敷侵犯了杜邦的专利”。中条省悟认为，在这种局势下，仓敷若一面与杜邦抗争，一面开发欧洲市场，不仅负担过分沉重，而且还使打入美国市场变为不可能，为了长远利益眼下只能作出让步。

杜邦总裁与中条省悟的谈判于1969年在美国进行。“科尔伐姆”利用东道主的种种优越，提出了十分苛刻的要价，责令仓敷人造丝公司以转让“可乐丽诺”制造技术为报酬，支付杜邦公司遭受专利侵害的损失。杜邦总裁强调说：“这项谈判条件表明事情的本质，绝对不容动摇。但在写进协议时，可以把仓敷对杜邦专利的侵害写成‘科尔伐姆’向‘可乐丽诺’提供专利实施权。”说穿了，杜邦是以侵害专利为名，夺取仓敷的领先技术。中条省悟心想，“可乐丽诺”的强度不弱于“科尔伐姆”，并非由于使用了杜邦的专利实施权；而“可乐丽诺”的手感和外观是远远优于“科尔伐姆”的独家技术，绝不能拱手让给美国人。于是他委婉地说：“‘科尔伐姆’因强度方面的优势，已经占领了广阔的国际广场；‘可乐丽诺’无意在这方面进行竞争，现在只是靠手感和外观方面特长，步履艰难地开拓自己的市场。如果无代价地转让这方面的技术，仓敷十几年的心血和数百亿日元的投入就无法收回了，董事会也绝对不肯答应，我本人无权改变董事会的意志。”中条省悟忍气吞声地陈述之后，随即悄然实施李代桃僵的诱饵——“至于对杜邦方面的补偿，双方可以共同设计一种其他方式……”

杜邦公司对“其他方式”不感兴趣，只要仓敷的技术，而中条省悟则坚持既定方针，拒绝缔结互相提供技术的协议，谈判迅即陷于旷日持久的僵局。最终还是欧洲传来的信息使谈判有了松动：杜邦公司花 10 亿美元让“科尔伐姆”席卷欧洲的促销战以惨败而告吹，惨败的根本原因是手感差，外观离天然皮革相差很大。这使杜邦内部出现分歧：一派主张用“可乐丽诺”技术改良“科尔伐姆”；一派主张放弃“科尔伐姆”，退出“人造革战争”。总裁对此则犹豫不决，想看看再说。

这一珍贵情报在双方代表的交往中被仓敷获得，中条省悟当即决定在谈判中加紧实行李代桃僵之计，花一笔“买路钱”来保住“可乐丽诺”技术的优先与垄断。于是，他向杜邦总裁提出：“仓敷愿意向杜邦支付以往使用专利实施权的费用，但不能公开‘可乐丽诺’技术，倘若达成协议，仓敷绝不再使用‘科尔伐姆’的专利技术。”

杜邦见攻不下仓敷技术垄断的坚硬堡垒，便决定在收取技术费用上狠咬一口。仓敷公司担心与杜邦的纠纷无休止地闹下去，一则难免发生“体力”不支的状况，二则贻误向欧美出口“可乐丽诺”的战机。中条省悟决定向杜邦公司支付高昂的技术专利费。

双方的谈判意愿既然基本趋向一致，于是没用多少时间就达成两项协议：一、仓敷人造丝公司向杜邦公司支付使用“科尔伐姆”技术的费用；二、杜邦公司不再向仓敷公司提供任何关于“科尔伐姆”的技术情报。

“买路钱”一花，道路果然畅通——合约墨迹未干，“可乐丽诺”便一路顺风地在国内外市场上取得了压倒各路竞争对手的优势。杜邦公司则悄然把设备卖给波兰，突然宣布撤出人造革市场。此后，“多米诺骨牌”效应发生：日本的各家公司、美国的其他公司、德国与英国的公司相继退出人造革市场，让“可乐丽诺”独霸世界。

锦囊妙语

面对强硬的对手，忍气吞声，巧妙地与对手兜圈子，以击败各路强手。在强弱对比悬殊的较量中，以短克长，使对手与自己的位置发生根本性的变化。

识略锦囊

抱头藏尾的朱元璋

“缓称王”作为朱元璋“高筑墙，广积粮，缓称王”大战略的最后一个环节，实际上也是最重要的一个环节。

当朱升提出“缓称王”时，主要的几路起义军和较大的诸侯割据势力中，除四川明玉珍、浙东方国珍外，其余的领袖皆已称王、称帝。最早的徐寿辉，在彭莹玉等人的拥立下，于元至正十一年（公元 1351 年）称帝，国号天元。张士诚于元至正十三年（公元 1353 年）自称诚王，国号大周。刘福通因韩山童被害，韩林地下落不明之故，起兵数年未立“天子”，到元至正二十年（公元 1360 年）徐寿辉被部下陈友谅所杀，陈友谅自立为帝，国号大汉。四川明玉珍闻讯，也自立为陇蜀王。一时间，九州大地，“王”、“帝”俯拾皆是。

此时只有朱元璋依然十分冷静。他明白“谁笑在最后，谁才是真正的胜利者”这个道理。所以，他坚定地采纳“缓称王”的建议。朱元璋成为一路起义军的领袖，始终不为“王”、“帝”所动，直到元至正二十四年（公元 1364 年），朱元璋才称为吴王。至于称帝，那已是元至正二十八年（公元 1368 年）的事情了。此时，天下局势已明朗，也就是说，朱元璋即便不称帝，也快成事实上的“帝”了。

与其他各路起义军迫不及待地称王的做法相比较，朱元璋的“缓称王”

之战略不可谓不高明。“缓称王”的根本目的，在于最大限度地减少己方独立反元的政治色彩，从而最大限度地降低元朝对自己的关注程度，避免或大大减少过早与元军主力和强劲诸侯军队决战的可能。这样一来，朱元璋就更有利地保存实力，积蓄力量，从而求得稳步发展了。

要知道，在天下大乱的封建朝代，起兵割据并不意味着与中央朝廷势不两立，不共戴天。但一旦冒出个什么王或帝，打出个什么旗号，那就标志着这股势力与中央分庭抗礼了。因此，哪里有什么王或帝，朝廷必定要派大军前去镇压。徐寿辉称帝的第二年，元朝大军就对天元政权发起大规模的进攻。同样的道理，张士诚、刘福通等人，无不为元军围攻。

相比之下，只有尚未称帝的朱元璋，一直到大举北伐南征前，都未受到元军主力进攻。原因之一，是朱元璋周围有徐寿辉（后为陈友谅）、小明王、张立诚势力的护卫，元军要进攻朱元璋，必须首先越过他们占据的地域。但这也不是绝对的。元军曾进攻过张士诚的六合，距离应天只有五六十千米，元军可以到六合，当然可以到应天，否则朱元璋也就不会慌慌张张地派兵救援六合了。原因之二，是朱元璋在称帝之前，一直“忍辱负重”，隶属于小明王的政权。当时天下称帝者有三四个，处于摇摇欲坠中的元朝根本顾不上朱元璋这一类附于某一政权的势力。而朱元璋正是抓住了这有利时机，加紧扩大地盘，壮大力量，最后终于成为收拾残局的主宰者。

“缓称王”还避免了过多地刺激个别强大的割据政权。元末虽乱，但到最后“冠军”只能有一个。从这个意义上讲，任何一个割据政权都是皇权路上的竞争者。因此，割据政权除要与朝廷斗争外，相互之间还有“竞争”，这种“竞争”实际上就是血腥的相互残杀。正因为朱元璋“缓称王”，不但避免卷入这种残杀，而且借隶属于小明王的政权，一方面讨得欢心，另一方面也得到了政权的庇护，可谓一箭双雕。

锦囊妙语

成功的关键在于能忍。当然这忍也不是无限制地一味忍下去，一旦时机成熟，那就要当仁不让地出击了。

躲避灾祸的陶朱公

范蠡辅佐越王勾践20多年，终于打败了吴国，报了会稽之仇。他因为功绩卓著，被封为“上将军”。范蠡受封之后，想到越王勾践的为人，可以共患难，不可以同安乐，自己盛名之下是难以久安的，不如辞官回乡，于是他便携妻带子辞官而归了。范蠡曾对别人说：“计然的策略有7项，越国只用了5项，就成了强国，过去我用他的计策强国，现在我要用他的计策行之于治家。”

计然是春秋战国时期晋国的一位公子，姓辛名研，字文子。他游学来到越国，结识了范蠡。范蠡向他请教治国大计，两人愈谈愈投机，于是成了亲密的朋友。那时越国已沦为吴国的附属国，越王勾践刚刚被吴王释放回国，始终不忘复仇雪耻，他也向计然请教复国之策。计然便为越国出了7计，他说：“吴越之战后，越国已元气大伤，要想重新富强起来。只有艰苦奋斗，上下同心，同时还要有一定的计划。贵国的情况是，12个年头里有6个丰年、6个灾年。掌握了丰歉循环的规律，丰年时多储备粮食，以备歉年之需，就不会盲目乐观、任意浪费，歉年也不会饿死人了。”计然告诉勾践，民以食为天，粮食的生产是维持国家安危和人民生死的特殊商品，应由国家进行控制，而且国家应该鼓励农业生产。他一口气讲了7条计策，越国执行了5条。10年之后，越国变得国富民强，所以范蠡很佩服计然。他弃官从商之后，运用计然的理论经营，不久也成了巨富。

范蠡辞官之后，首先来到了齐国，隐姓埋名，自称是“鸱夷子皮”，意思是“酒囊子的外皮”，这样开始自己的创业历程。齐国是东方的大国，农业和工商业都很发达。范蠡父子在海边以种为生，辛勤劳作，合力整治生产。由于同心协力，功夫不负有心人，没有多久，他就积聚了数十万财产。由于他的能力和才干，在齐国很快成了名人。齐人听说范蠡很勤劳、很贤能，便请他出来做卿相，并且送来了相印。这与范蠡的本意是相违的，他感叹道：“在家能够艰苦奋斗聚集千金，做官则能位至卿相，这是一个平民最得意的事情了，但是长久享受尊名却是不祥的事情。”于是他奉还相印，并把家产分给了朋友及邻里，自己一家只带了金银珠宝秘密地离去了。

他来到定陶，认为这里是四通八达的商业枢纽，居于天下之中，在这里谋生治产是完全可以致富的，于是在这里住下来，自称朱公，人们都称他为陶朱公。他面对新的形势，对自己的治产又作了新的调整。范蠡带领儿子们亲自耕种和饲养牲畜，战胜了各种困难，才获得了庄稼的丰收、六畜的兴旺。他又不失时机地进行商业活动，积累资金，大胆地买进卖出，只谋取1/10的利润，买卖做得十分红火。没有过多久，他又积累了数百万的财富。天下人都知道定陶有个陶朱公，富甲天下。

有位叫猗顿的人来向范蠡请教致富的办法，范蠡告诉他，要想尽快致富，必须辛勤劳动，而且要不怕艰苦，同时多养六畜。又有人问他：“你十几年中，三次聚财至千金，家资巨万，有什么诀窍吗？”范蠡就把自己经商理财的十八则说出来：“第一生意要勤快，切勿懒惰，那样什么事也干不成；第二价格要标明；第三生活要节俭，切勿奢华，奢华则钱财竭；第四是切勿滥出；第五是货物需面验，切勿滥入；第六是出入要谨慎；第七是用人要方正，切勿歪斜；第八优劣分明；第九货物要修整，切勿散漫；第十期限要限定；第十一买卖要快捷，切勿拖延；第十二钱财要明慎，切勿糊涂；第十三账目要稽查，切勿懈怠；第十四切勿暴躁，和气生财；第十五切勿妄动，妄动则误事；第十六临事要尽责；第十七工作要精细，切勿粗糙；第十八切勿浮躁，浮躁失事多。”这些经验之中，几乎没有一条离开了勤劳致富、艰苦创业这个根本，所以范秀才能在十几年之中三致千金。

锦囊妙语

艰苦的生活对人是一种磨炼，是对意志品质的考验，也是培养自己远大理想和浩然正气的途径。只有能够忍受住这种生活中的艰苦，也就不怕前进道路中的任何障碍了。

择良木而栖的李斯

择良木而栖是立身处世的一个方面。但若能择到一个好的“木”下而处，并能飞黄腾达，则其处世的谋略是不可低估的。李斯正是其中一个。

李斯生于战国末年，年轻时当过小官，对当时现实和自己的处境很不满，一心想建功立业。他经常看见在厕所中觅食的老鼠，遇见人或狗就慌忙逃窜，样子显得十分狼狈。再看粮仓中的肥鼠，自由自在地偷吃粮食，没有人去打扰。

李斯由此而感叹，人要像粮仓之鼠，找到一个好环境，才能有所作为、自由自在。他到齐国去拜荀子为师，专门学习治理国家的学问。

学成之后，李斯仔细分析了当时的形势。楚王无所作为，不值得为他效力；其他几国势单力薄，也成不了大气候；只有秦国能有所作为，于是他决定到秦国去。

临行前，荀子问李斯去秦国的原因，李斯回答说：“学生听说不能坐失良机，应该急起直追。如今各国争雄，正是立功成名的好时机。秦国想吞并六国，统一天下，到那里去正可以干一番大事业。人生在世，最大的耻辱是卑贱，最大的悲哀是穷困。一个人总处于卑贱贫穷的地位，就像禽兽一样。不爱名利，无所作为，不是读书人的真实想法。所以我要去秦国。”荀子对此大加赞赏。

李斯刚到秦国时并不得志，后来相国吕不韦发现李斯博览群书而加以重用，李斯才有了接近秦始皇的机会。

这时秦始皇正想一统天下，李斯趁机向他献计说：“凡是成大事业者，都应抓住时机。秦国在穆公时虽然强盛，由于时机不成熟，没有完成统一大业。自孝公以来，王室衰微，诸侯争霸，各国连年打仗。现在秦国国力强盛，大王英明，消灭六国像除灶尘一样容易。这正是完成帝业、统一天下的大好时机。如果错过机会，等各国强大并联合起来后，那时虽有皇帝的英明，也难以吞并天下了。”

秦始皇听了这些话十分兴奋，马上提拔李斯为长史，按他的谋略派谋士到各国去，与此同时，又派出名将率重兵以武力威胁，迫使各国就范。

在十年时间内，李斯辅佐秦始皇消灭了六国；完成了统一天下的大业。他因此为秦始皇所器重，官位上升到了丞相。

锦囊妙语

人的才能和志向有大小高下之分，个人在社会群体之中适合于担当什么角色，既有客观的原因，更有主观的原因。主观的原因就是充分了解自己的长处和弱点、个性和气质、才能与志向，从而作出正确选择。

识大体做大事的蔺相如

公元前279年，即赵惠文王二十年，秦昭襄二十八年，秦昭襄王约请赵惠文王相会西河外的渑池（在河南省铁门县），相互订立友好盟约。

渑池本属于东周管辖范围，但秦国已控制了这一地区，因此赵惠文王十分担心会被秦王作为人质而扣留。于是，他召集群臣，共商对策。

赵惠文王说："秦王曾以会盟的名义欺骗了楚怀王，将楚怀王囚禁在咸阳，至今楚人还伤心不已。现在又约我相会，会不会像对待楚怀王那样对待我呢？"

廉颇和蔺相如都认为，如果赵王不去赴约，就是向秦示弱，会叫秦国看不起的。蔺相如表示愿意护送惠王前去赴会；廉颇则表示，愿意辅佐太子固守本土。

赵惠文王听说蔺相如愿一同前行，便十分高兴地说："蔺大夫尚且能完璧，何况寡人呢？"

平原君赵胜说："昔日宋襄公单车赴会，就遭到了楚国的劫持；鲁君与齐王相会于峡谷，有左右司马陪同，就全身而退。即使有蔺大夫为您护驾，最好也要挑选5000名精兵作为随从，以防不测；此外，再派大军离30里外屯扎，这才是万全之策。”

赵惠文王听从平原君的劝谏，以李牧为中军大夫，使其率精兵5000名相随。并让平原君率大部队紧跟其后。

廉颇将赵惠文王一直送到边境上。廉颇对赵王说：“大王与虎狼之王相会，结果实难预测。现在我与大王相约，估计来往道路上和相会所费时日不超过30天。如果过期您还未归来，我就请求按楚国的办法立太子为王，以杜绝秦国的非分之想。”赵惠文王表示同意。

赵惠文王和秦昭襄王如期相会于渑池。双方置酒为欢。饮至半酣，昭襄王借着酒意说；“我听说赵王精通音乐，而我这里有宝瑟，请赵王弹一曲，以助酒兴吧！”赵王脸红了，又不敢推辞。秦王侍者将宝瑟置放在赵王面前，赵王只得弹了一曲《湘灵曲》。秦王连声称好，并笑着说：“我曾经听说赵国的先祖赵烈侯十分爱好音乐，想不到您尽得家传。”于是，命令御史记下这件事。秦国御史就秉笔取简写道：“某年某月某日，秦王与赵王相会在渑池，赵王为秦王鼓瑟。”

蔺相如走到秦王跟前，说：“赵王听说秦王精于秦声，我特地恭敬地捧上瓦器，请求秦王敲击它，来相互娱乐。”

秦昭襄王十分气愤，对蔺相如不加理睬。蔺相如将盛酒用的瓦器取来捧着，在秦王面前跪着请秦王敲击，秦王就是不肯答应。

蔺相如说：“大王是否是依仗秦国强大的兵力来欺负人？可是，在这5步以内，我就可以把我的血溅到大王身上。”

秦王的左右侍从被蔺相如的凛然正气征服了，谁也不敢上前。秦王虽然满肚子不高兴，但慑于蔺相如的威严，只得勉强地将瓦器敲了一下。蔺相如这时才站起，将赵国的御史召上来，让他写上：“某年某月某日，赵王与秦王相会于渑池，秦王给赵王敲瓦盆。”

秦王的大臣见蔺相如此作践他们的君王，就很不服气。其中有几位从宴席中站起身，对赵王说：“今日赵王惠顾，请您割15座城池替秦王祝寿吧。蔺相如也对秦王说：“既然赵国进15座城池给秦国，秦国也应该有所回报，请求秦国用咸阳替赵王祝寿吧！”

秦国的客卿胡阳等人私下建议秦王将赵王拘留起来。秦王不同意这样做。因为他已得谍报人员的报告，说赵国部署得相当周密，大军就驻扎在附近，因而不敢贸然行事。秦王知道用武力不可能沾到便宜，就更加敬重赵王，两人相约为兄弟，保证双方互不侵犯。

为了取得赵国的信任，秦王将太子安国君的儿子异人作为人质留在赵国。秦国的大臣们弄不懂为什么将异人作为人质送往赵国，秦王就解释说："赵国的力量正强大着，暂时不能图谋它。将王孙送入赵国，就是为了让赵国更加信任我，我就能专心致志地对付别的国家了。"大家非常佩服秦王的卓识。

渑池之会归来，赵惠文王非常感激蔺相如为自己挽回了面子。他对群臣说："我有了蔺相如，就如泰山一样安稳，赵国的地位也就重过九鼎。蔺相如的功劳真是谁也没法比呀!"于是，拜蔺相如为上卿，位出廉颇之右(古人以右为尊)。

廉颇对此愤愤不平，认为赵王十分不公允，他怨忿地说："我出生入死，攻城略地，维护赵国的安全，从情理上说应是我的功劳最大。而蔺相如只不过稍微动了动口舌，能有多少功劳，官职却在我之上，况且他曾经是宦官的宾客?出身很低微，我怎么甘心屈居于他之下呢?今后只要我看到他，就一定要让他瞧瞧我的厉害。"

廉颇的话传到了蔺相如的耳朵中，从此每次上朝蔺相如都托病不去，以免与廉颇相遇。宾客们都以为蔺相如害怕廉颇，私下里常常议论这件事。

一天，蔺相如因故外出，恰巧廉颇也外出。蔺相如远远见廉颇的车队，就让手下人将马车赶到小巷中躲起来。等廉颇的车队过去之后方才出来。宾客们十分气愤，就一块去见蔺相如说："我们远离故土，抛却妻儿投奔您的门下，是因为看重您是顶天立地的大丈夫。廉将军与您同列班，况且职位在您之下，然而廉将军竟然口出恶言。可是，您不仅不报复，反而在朝堂和路上都躲避他，您为什么如此怕他?真让我们感到羞愧，我们请求辞去。"

蔺相如说："在你们看来，廉将军与秦王相比，谁更厉害呢?"

宾客们说："那当然廉将军比不上秦王。"

蔺相如说："以秦王的威严，天下没有人可与他抗争；而相如敢当面斥责他，侮辱他的群臣。相如即使没有才能，怎么也不会仅仅怕一个廉将军。

我考虑的是，强秦之所以不敢对赵国用兵，就是因为有我两个人在。如果我与廉将军相争，两虎共斗必有一伤，这样就为秦国侵犯赵国提供了机会。因此，我强忍着不与他发生冲突，是将国家大计放在首位，个人的得失放在次位。”

宾客们都为蔺相如的高识确论所折服，此后更加敬佩蔺相如。

然而，蔺相如愈谦让，廉颇愈气盛。赵惠文王十分担忧这件事。虞卿就自告奋勇地说合廉颇与蔺相如。虞卿见到廉颇后，先是歌颂一番他的功劳，然后话锋一转，说：“论功劳是你大，但论气量还是蔺相如大。”并将蔺相如对宾客所说的告诉廉颇。廉颇听了感到十分惭愧，袒臂负荆，跑到蔺相如家中请罪，说：“鄙人志量浅狭，不知相国如此宽容，就是死也不足以赎罪。”

蔺相如：“我们两人并肩事主，为社稷的重臣，将军能见谅，就是十分幸运的了。”

于是，两人相约，结为生死之交。

锦囊妙语

天下最柔弱的东西，能够驰骋于天下最坚硬的东西之中。这是因为虚空无形的力量能够穿入没有空隙的东西里面。当一个人虚怀若谷时，心胸是最宽阔的，识见也是最高远的。

范蠡对儿子的了解

春秋时的范蠡被奉为中国商人的始祖，后人尊称其为陶朱公。他曾辅佐越王勾践打败吴国，随后功成身退，移居别地经商，以他的聪明才智，很快便富甲一方。

后来，他的次子因杀人获罪而被囚在楚国，陶朱公计划用金钱保全儿子的性命，就准备让小儿子去办这件事。

大儿子听说后，坚决要求自己前往楚国解救弟弟，说："我身为长子，现在二弟有难，父亲不派我去而让小弟弟去，这不明摆着说我不孝顺和不可靠吗？"倔劲上来，竟然以死相要挟。

总不能说那边还没救出来，这里先死掉一个吧。陶朱公无奈，就派长子去办这事，写了封信让他带给以前的朋友庄生，并说："一到楚国，你就把信和钱交给庄生，一切听从他安排，不管他如何处理此事。"

长子抵楚，发现庄生家徒四壁，院内杂草丛生，一点也不像个达官显贵的样子。虽说按父亲的嘱托把信及钱交给了庄生，但心中并不以为此人可以救出弟弟。

庄生收下钱和信，告诉长子："你可以赶快离开了，即使你弟弟出来了，也不要问其中原委。"但长子由于心存疑虑，所以并未离开，又接着去贿赂其他权贵。其实庄生虽贫困，但非常廉直，楚国上下都非常敬重他，他的话在楚王那里也很有分量。

庄生求见楚王，说近来某星宿来犯，于国不利，只有广施恩德才能消弭灾祸。楚王于是决定大赦。长子听说要大赦，觉着弟弟一定会出来，送给庄生那么多钱财不就如同白花一样吗？于是又去找庄生把送去的钱要了回来，心中还洋洋得意，以为又省了钱又办了事。

庄生觉得被一个小子欺骗，很是恼怒，又去见楚王说："听说陶朱公的儿子在我国犯罪被囚，现在人们议论说大赦是因为陶朱公拿钱财贿赂大臣的缘故，这于您的名声不利啊。"几句话说完，楚王就决定先杀了陶朱公的儿子再实行大赦。结果，长子只好捧着弟弟的尸骨回家。

长子回家后，陶朱公悲极而笑说："我早就知道他一定会害死他弟弟的。他并非不爱他弟弟，只是他少时与我一起谋生创业，知道钱财来之不易而吝惜钱财。而小儿子从小就生长在富贵之家，挥金如土，以前我之所以要派小儿子去办这事，就是因为他舍得花钱。"

锦囊妙语

世事洞明皆学问。只有平时对社会、对人情了解得深，才能对事情有高瞻远瞩的预见。

把德军赶出非洲

蒙哥马利作为部队的一名高级指挥官，首次全面表现他的指挥天才是在第二次世界大战中的重大战役——阿拉曼之战。在这次战役中，他成功地指挥了英第八集团军打败了被誉为“沙漠之狐”的德国元帅——隆美尔指挥的“非洲军团”，扭转了二战开始以来英军在战场上屡遭失败的不利局面。

1939 年，第二次世界大战爆发以来，德军在各条战线上均有突出的进展。按照希特勒的战略构想，他打算尽快在印度洋海岸与日本人会师。为了适应战争的需要，德军极想占领具有大量军需储备的北非及中东地区，1941 年初，意大利在北非战场上连连失败，希特勒应墨索里尼的请求，指派雄心勃勃的隆美尔带领两个师增援北非战场。

隆美尔是希特勒非常器重的战将。他跟随希特勒多年，天资聪明，胸有谋略，作战经验丰富。在第一次世界大战中，他就屡建战功。“二战”以来在欧洲战场上更是锋芒毕露，锐不可当。他所指挥的第七装甲师，采用闪电战所向披靡，获得了“魔鬼”的绰号。1941 年初，隆美尔来到利比亚前线，在他的指挥下，德意军队很快扭转了战场上的不利局势。他利用英国调整兵力的机会，连连发起攻击。4 月 8 日攻占德尔纳，10 月包围了托卡鲁克，10 月 15 日攻占了埃及西部边境上的塞卢姆。仅数月就使英军的所有战果丧失殆尽。此时的隆美尔名声大噪，被人称为“沙漠之狐”。1942 年初，地中海形势又发生了变化，德军夺得了制海权，隆美尔的非洲军团可以直接从海上得到大量军事援助。1 月 21 日非洲军团再次发起攻击，一举击溃英军前沿阵地，28 日占领了班加西，2 月 7 日抵达加扎拉，6 月 21 日攻占重要军港达托卡鲁克，再次获得大量军需物资。接着隆美尔挥戈挺进埃及，6 月 28 日占领颇麦特鲁港，7 月抵达阿拉曼地区。

1942 年 7 月 1 日，一直遭受隆美尔非洲军团攻击的英国第八集团军，自北非沙漠撤至距尼罗河三角洲 100 千米的阿拉曼一线，虽然全军进行了英勇的抵抗，但仍面临全线溃败的危险。当时英国首相丘吉尔正在华盛顿与罗斯福总统会谈，闻讯大为震惊。自英军参战以来，尽管英军遭受过多次打击，但从未像这次这样使他坐立不安。他看到，如果德军再次突破防线，冲入埃及，推进到苏伊士运河，然后打通伊朗、巴基斯坦，俄国人的南翼就会受到威胁，意大利和德国的舰队就可以自由出入红海，控制南非航线，渗入印度洋。这样一来，就没有任何力量可以阻止德国与日本的会师了。8月4日丘吉尔飞抵开罗，解除了第八集团军奥金莱克的指挥权，任命蒙哥马利为该军团司令，并指令亚历山大将军为中东战场总指挥。他命令，要不惜任何代价打败隆美尔的非洲军团。

8月12日蒙哥马利飞抵开罗，建议亚历山大组建一支机动后备军以利全线反击。8月15日他前往沙漠前线接管第八集团军司令部，撤销了原第八集团军准备撤退的一切命令，同时解除了一批意志软弱的指挥官的职务。他命令部队，无论发生什么情况都不准撤退一步；他号召指战员，“向敌人进攻，歼灭他们”。为了打有把握之仗，蒙哥马利认真研究了隆美尔的一贯战术，他发现隆美尔惯用的手法是先让英军坦克打头阵发动攻击，而他则把坦克集结于后方。他先以反坦克火力打垮英军坦克后，才把其装甲部队投入战斗，这样就达到了先以柔克刚再以刚制柔的战略效果。蒙哥马利决定以其人之道还治其人之身。他一方面命令部队加强防御工事，另一方面积极准备空中力量，打击和破坏德军装甲部队。他命令前沿阵地，只要发现德军坦克企图突破就给以痛击，英军还配备了许多新式反坦克武器。这样，蒙哥马利根据对各种情报的分析和研究以及对隆美尔进攻可能性的判断，有针对性地布设了阵地，决心给“沙漠之狐”以重创。

8月31日，趾高气扬的隆美尔开始攻击了。德军前面的部队开始排雷，以期能使坦克长驱直入。蒙哥马利事先就看清了德军的企图，他首先命令皇家空军对德军坦克施行破坏性轰炸，而后对排雷步兵进行了密集扫射。德军很快陷入了死亡的陷阱。第二十一装甲师师长阵亡，“非洲军”军长负伤。隆美尔被迫修改计划，推迟了向亚历山大港和开罗的进军，转而把阿拉姆勒法地区作为直接的攻击目标，在这一狭窄的战线上，隆美尔投入了第六十五、二十一装甲师及第十九和第二十军的全军人马。尽管突破了英军的两道布雷区，前进了7里，但被第三道布雷区挡住，使大部分坦克陷入瘫痪之中，结果遭到了英军炮火和空军的轰击。黄昏时，遭受重创的德军被迫撤退。

9 月 1 日，德军的坦克部队再次向英第二十二装甲旅进攻，在遭到重大伤亡之后被迫撤退。下午的进攻又被隐蔽在工事里的第十装甲师痛击。这时蒙哥马利集中兵力，收紧了对非洲军团的坦克部队及炮兵的包围圈。夜幕降临后，英军出动了大量夜航轰炸机实施了无间歇的长时间轰炸。隆美尔再也支撑不住了，被迫转入战略防御。蒙哥马利决定在阿拉曼一线对敌实施大规模的歼灭性进攻。

为了牵制住德军主力，不使其溜掉，蒙哥马利较长时间没有发动攻击。他坚持不打无把握之仗，他认为第八集团军的将士们虽重创了德军，但整个军团的士气还需认真整顿，他选定了在下一个上弦月之夜对敌发动总攻。在这期间，蒙哥马利施展了一系列惑敌行动，使隆美尔错误地判断了局势，以为英军要从南部发起突击，于是将德军主力集中到南部阵地。蒙哥马利决定分三路同时出击，主攻部位在德军北部阵地。由第三军担任主攻任务，目的是突破其防线，打开两条通道。南路有两路进攻地点，由第十三军担任佯攻，吸引德军主要装甲部队。蒙哥马利一改传统打法，采用了一种新的沙漠战术，即“粉碎性程序”。进攻初期，先从空中和地面发起大规模的轰炸和炮击，以此打垮德军炮兵阵地，继而再打击步兵阵地，最后投入强大的装甲群，将德军装甲部队与非装甲部队切断，分而歼之。

10 月 23 日晚 9 时 40 分，总攻开始了。整个英军在阿拉曼防线上的一千门大炮同时向德军阵地开火，德军大炮遭到重创。接着炮火转向德军前沿阵地，随后英第三十军向敌人发起猛攻。上午 5 点 30 分，英军进攻的第一阶段目标基本实现，打通了两条走廊。英军坦克顺利通过了布雷区，发起了猛攻。按照蒙哥马利的部署，一支支部队接连不断地出击。战场上人山人海，飞机、大炮、坦克群一齐扑向德军阵地。尽管德意军队进行了顽强的抵抗，但终因损失惨重，不得不边打边撤。11 月初，英军的装甲部队已经冲入被撕开的德军阵地缺口，并以扇形展开，对分割的德军形成了包围态势。为了避免被全歼，隆美尔决定把部队撤至富卡一线。

然而，11 月 3 日，希特勒下了一道命令：“形势要求你们死守阿拉曼阵地到一兵一卒。不准后退，哪怕1毫米也不准退。不胜利，毋宁死!”隆美尔知道这是一道让部队无辜送死的荒唐命令，然而，他服从了。非洲军团司令冯·托马将军愤然表示：“我不能忍受希特勒的这道命令!”随后他将仅剩的30辆坦克及非洲军团残部向西撤去。隆美尔对此眼开眼闭，听之任之，隆美尔自知大势已去。战场上堆积着被焚毁的坦克，残破的装甲车，炸毁的大炮，整个沙漠成了曾不可一世的非洲军团的葬身之地。经过12天激战，轴心国部队终于全线清退了。蒙哥马利实现了他战前动员令的预想，“我们将彻底击溃隆美尔和他的军队，并把他们一举逐出非洲”。

阿拉曼战役胜利了！这次战役不仅使德意军队遭受到了近6万人、350辆坦克及数百门大炮的重大损失，而且他征服了所向披靡、不可一世的“沙漠之狐”——隆美尔。就整个战争的趋势来说，阿拉曼战役是西线盟军对德宣战以来的转折点。丘吉尔指出：“在阿拉曼战役之前我们是战无不败；在阿拉曼战役之后我们是战无不胜。”

蒙哥马利由于战功显赫被晋升为上将，获巴思骑士勋章，还被封为阿拉曼子爵。

锦囊妙语

要在平时练就对局势的把握和对事情的运筹帷幄之中的能力，只有如此才能有处理问题的果断。

以柔克刚的段秀实

公元764年，唐朝刚刚平定安史之乱，仆固怀恩却在北方纠众反叛，屡屡攻城夺野。唐代宗只得令声名卓著的郭子仪为副元帅，率军平叛。郭子仪令其儿子郭晞以检校尚书的身份兼行营节度使，屯兵在邠州（今陕西彬县，又作豳州）。邠州地方的一些不法青年，纷纷在郭晞的名下挂名，然后以军人的名义大白天在集市上横行不法，要是有人不满足其要求，即遭毒打，甚至致死孕妇老少。邠宁节度使白孝德因惧怕郭子仪的威名，对此提都不敢提一下。白孝德下属泾州刺史段秀实则感到事关唐朝安危和郭子仪的名节，毛遂自荐请求处理此事。白孝德立即下文，令他代理军队中的指示官都虞侯。

段秀实到任不久，郭晞军队中有 17 名士兵到集市上抢酒，刺杀了酿酒工人，打坏了酒场许多酿酒器皿。段秀实布置士卒把他们统统抓来，砍下他们的脑袋挂在长矛上，立于集市示众。

郭晞军营所有军人为之骚动，全部披上盔甲。段秀实却解下身上的佩刀，选了一个年老且行动不便的人给他牵着马，径直来到郭晞驻军营门口。披甲带盔的人都出来了。段秀实笑着一边走一边说："杀一个老兵，何必还要披甲带武装，如临大敌？我顶着头颅前来，要亲自由郭尚书来取！"披甲士兵见一老一文一匹瘦马，惊愕不已。本以为要进行一场硬拼，眼见得如此文弱的对手，反而纷纷让路了。

段秀实见到了郭晞，对他说："郭子仪副元帅的功劳充盈于天地之间，您作为他的儿子却放纵士兵大肆暴逆。如果因此而使唐朝边境发生动乱，这要归罪于谁呢？动乱的罪过无疑要牵连到郭副无帅。而邠州的不法青年纷纷在你的军队中挂了名，借机胡作非为，残杀无辜。别人都说您郭尚书凭着副元帅的势力不管束自己的士兵，长此以往，那么郭家的功名还能保存多久呢？"

郭晞本来对段秀实自作主张捕杀他的士兵心存不快，对于士兵的激愤情绪听之任之，倒要看看段秀实有多大能耐。现在见段秀实完全不作防备地闯进军营，听段秀实一说，觉得段秀实完全是为保全郭家功名才这样做的，一改原来的强硬态度，反而觉得对弱小的段秀实必须加以保护，以免被手下人因愤而杀。赶紧对段秀实拜了又拜，说："多亏您的教导。"喝令手下人解除武装，不许伤害段秀实。

段秀实为让郭晞下定决心管束军队，干脆一"软"到底说："我还没有吃晚饭，肚子饿了，请为我备饭吧。"吃完饭后又说："我的旧病发作了，需要在您这里住一宿。"这样，段秀实竟在只有一老头守护的情况下，睡在充满敌意的军营之中。

郭晞表面答应了段秀实的要求，但又怕愤怒的军人杀了这个不作抵抗且又有恩于己的朝廷命官，心情十分紧张，于是一面申明严格军纪，一面告诉巡逻值夜的兵卒严加防范，借打更之便切实保卫段秀实的安全。

第二天，郭晞还同段秀实一起到白孝德处谢罪，州里的治安由此整治一新。

锦囊妙语

“天下之至柔，驰骋天下之至刚。”只有用有理、有力而又温和得体的言行，才可以驾驭刚烈愤怒的狂徒，成功地达到“以柔克刚”的目的。

独辟蹊径的苹果公司

1982年，在美国《幸福》杂志上所列的全美500家大企业的名单上，赫然跃出了一名新秀——名不见经传的电子工业公司——苹果计算机公司。这家名列第411家的大公司，年仅5岁，是美国500家大公司中最年轻的公司。

一年之后，奇迹再次发生。当美国《幸福》杂志再次公布全美500家最大公司的排位时，人们惊奇地发现，年轻的苹果计算机公司青云直上，一举跃到了第291位，营业额达9.8亿美元，职工人数4600人。它的迅速发展，引起了美国企业界的极大关注。是谁采用了什么策略取得了这么大的成绩?

领导这家公司的主要是两位年轻人，他们叫史蒂夫·乔布斯、斯蒂芬·沃兹奈克。当时，在美国，许多计算机生产厂家都把研制和生产的重点放在大型计算机上。如被誉为“巨人”的国际商用机器公司IBM，是世界上电子计算机及其外围设备制造厂商，也是最大的电脑生产厂商，其业务范围涉及政府、商业、国防、科学、宇航、教育、医学和日常生活研究的各个领域，产品销售至128个国家和地区，年销售额达400多亿美元，就是这样一家久负盛名的大公司，竟然没有一台个人电脑上市。虽然当时微电脑在美国市场上已经出现，但大多是供工程师、科学家、电脑程序设计师使用，还相当不普及，普通家庭很少购买。

史蒂夫·乔布斯和斯蒂芬·沃兹奈克决定另辟新路，将注意力集中到个人计算机上。

创业开始，困难重重，缺乏资金，乔布斯卖掉自己的金龟牌汽车，沃兹奈克卖掉了心爱的计算机，凑了1300美元。没有工作场所，他们就在乔布斯父母的汽车库里工作。他们弄来廉价零件，利用业余时间在汽车库里苦干。

功夫不负有心人，经过长期艰苦的努力，他们终于在1976年研制成功了一台家用电脑，命名为“苹果Ⅰ号”。当他们把这台电脑拿到俱乐部去展示时，立刻吸引了不少电脑迷，他们纷纷要掏钱购买，一下子就订购了50台。为了生产这50台电脑，他们跟几家电子供应商谈妥，以30天的期限，向电子供应商们赊了2.5万美元的零件，结果在29天之内就装配了100台家用电脑。他们用50台电脑换了现金，还将借款偿还了供应商。

从此，局面打开了，他们的订单源源不断。他们认定家用电脑的发展前景广阔，于是打算成立一家公司，专门生产家用电脑。

他们的想法得到了投资家马克拉的帮助，他愿意投资9.1万美元，美国商业银行也贷给了他们25万美元。然后，他俩又开始了游说活动，募集到60万美元的资金。这样，1977年“苹果计算机公司”宣告正式成立。马克拉担任公司董事长，乔布斯任副董事长，斯科特任总经理，沃兹奈克任副总经理。

他们将办公地点从汽车库里搬了出去，又网罗各方面人才，共同进一步研制和改良家用电脑。不久，他们向市场推出了“苹果Ⅱ号”、“苹果Ⅲ号”和“里萨”等个人电脑新产品。

苹果计算机公司独辟蹊径，瞄准别家计算机公司遗漏的“盲区”，闪电般向市场推出的家用电脑，迎合了美国大众的需要，销路非常好。人们迫不及待地想买到一部苹果计算机，形成了苹果计算机销量与日俱增的大好形势。到1981年，苹果计算机公司生产的个人计算机占据了美国市场上个人电脑总销售量的41.2%。难怪在纽约基础书籍出版公司1984年出版畅销书《硅谷热》中，对于苹果计算机公司发迹和崛起的速度极为赞叹，认为“一家公司只用了5年时间就有资格进入美国最大500家企业公司之列，这还是有史以来的第一次”。

在苹果计算机占据了美国市场上个人电脑总销售量的41.2%时，全球闻名的大计算机公司IBM对它尚有不屑一顾之意。直至苹果计算机公司又推出了个人电脑网络系统时，IBM才大梦惊醒，企图凭借自己雄厚的资金和技术，“镇压”计算机界的后起之秀，但良机已过，此时的苹果计算机公司已是今非昔比，羽毛已丰了。

锦囊妙语

后起之秀之所以能飞跃发展，其原因在于它采取了独辟蹊径的策略。勇于开拓，勇于创新，勇于走他人没有走，也不敢走的路，这样才能达到他人达不到的目标。

以变制胜的诸葛亮

诸葛亮左挑右逗，百般羞辱、谩骂，司马懿就是置之不理，坚守不出，以待时机。正在两军对峙之时，不想诸葛亮因积劳成疾，自觉阳寿不长，再不能临阵拒敌了。

他意识到，两军对峙之际，彼方若知我方主帅病逝，势必乘虚而入，后果会不堪设想，在这千钧一发之际，诸葛亮对杨仪说：“我死之后，不可发丧。可作一大龛将我的尸体坐于龛中，拿7粒米，放在我嘴里，脚下安放明灯一盏；军中安静如常，千万不要举哀，如此则我的星座居天不坠。那时我的阴魂便可以不散，于对方有镇威作用。司马懿见我的星座不坠，必然惊疑。此时，我军可以缓缓撤退，先让后营作前营先行撤退，然后梯次一营一营地慢慢退走。倘若司马懿前来追杀，你可以令部队掉转头来，布列成决战的阵势，等他来到阵前，再将我原先已雕刻好的松木像推到阵前，令三军将士分列左右，我料定司马懿一见此种情形必然惊疑而撤军。”杨仪一一允诺。

当天晚上，诸葛亮就去世了。司马懿夜观天象，见一大星赤色，光芒有角，自东北方流于西南方，坠于蜀营内，三投再起隐隐有声。懿惊喜曰：“孔明死矣！”即传令起大兵追之。刚刚走出寨门，忽然又顾虑重重地说：“孔明善会六丁门甲之法，经常装神弄鬼，他见我方久不出战，所以用此术诈死，诱我出战。现在我要是贸然出兵，正好中其诡计。”于是又勒马回寨，仍是闭门不战，只是命令夏侯霸暗地带领几十个人，经五丈原蜀军阵前探听虚实。

夏侯霸带领几十个探子到蜀军营地，看到的已是空营一座，不见一人，急忙回报司马懿“蜀兵已退”。司马懿一听，后悔莫及，顿足大叫道：“孔明真的死了！赶快去追蜀军。”夏侯霸说：“都督不可轻追。当令偏将先往。”司马懿却说：“现在你还不亲自出马，更待何时！”于是领兵同两个儿子一齐杀奔五丈原来，呐喊摇旗，杀入蜀寨时，果然空无一人。司马懿对两个儿子说：“你们赶快到后面催促大队人马前进，我先带领先锋部队追击。”司马懿亲自带领先头部队追赶，追到山脚下，见蜀军去得不远，便更加快了追赶的速度。

正行进前，忽听得山后一声炮响，喊声震天，只见蜀军一并回旗返鼓，又见树影中飘出一杆中军大旗，一行醒目的大字映入眼帘：“汉丞相武公侯诸葛亮”。司马懿不禁大惊失色。又见中军阵中走出数十员上将，簇拥着一辆四轮车缓缓而来，车上端坐着孔明，只见他“纶巾羽扇，鹤氅皂绦”，安然自得的神情。司马懿见此情景，犹如处在梦中，大声惊叫道：“孔明没死，我轻率领兵来追，今进入腹地，又中他的计了”，急忙勒马回头，往后便走。背后蜀将姜维大声喊道：“贼将往哪里逃，你中了我们丞相的计了！”魏兵见到此番情景，也恍惚坠入五里雾中，早吓得魂飞魄散，弃甲丢盔，抛戈撇戟，各逃性命，自相践踏，死者无数。司马懿奔走了50余里，背后两员魏将赶上，扯住马嚼环叫曰：“都督勿惊。”懿用手摸头曰：“我有头否？”二将曰：“都督休怕，蜀兵去远了。”懿喘息半晌，神色方定。

过了两天，老百姓告诉魏军“蜀兵撤退时，哀声震地，军中扬起白旗，孔明真的死了，只是留姜维断后，那天车上的孔明乃是一木雕像啊”！司马懿自叹弗如。

这就是“死诸葛亮能走生仲达”的故事，也是诸葛亮善于利用自己的老对手——司马懿足智但多疑的病态心理，在自己将离人世，部队处境危急之时，临机决断，精心编排的一篇“不拘常理，善权变”的绝妙文章，演出一部“死诸葛亮能走生仲达”的绝妙好戏。

锦囊妙语

以变制胜，是一条普遍的制胜原则。要使自己立于不败之地，就必须掌握不断变化的现实动态，注意对手的策略招数，不断采取正确的对策变于人先。

麦克阿瑟的蛙跳战术

1944年，美军在太平洋地区的军事进攻非常顺利。麦克阿瑟在一系列进攻中表现了他的大智大勇，做出别人不敢做的攻击，那些冒险性的攻击被同行们称为军事赌博。

1944年，按照参谋长联席会议所确定的作战部署，“车轮行动”的下两个目标分别是新爱尔兰岛西北端的卡维恩和阿德默勒尔蒂群岛的马努斯岛。卡维恩是哈尔西的目标，据报该地有重兵防守。为此，肯尼和哈尔西的空军自1943年12月份起即对该地区进行空袭，并得到尼米兹的航空母舰的支援，但未给对方造成多大破坏。因此，哈尔西建议绕过卡维恩而取该地西北90英里（1英里约合1.61千米）处的埃米拉岛。但麦克阿瑟坚持要哈尔西夺取卡维恩，以掩护他攻打马努斯岛的作战。2月13日，麦克阿瑟下达了修改后的“车轮行动”时间表，要求4月1日同时占领卡维恩和马努斯岛。2月15日，哈尔西的部队占领了拉包尔以东的格林群岛，并修建了一个简易机场，使陆上飞机距离拉包尔不到115英里，距卡维恩也只有200英里。

与此同时，肯尼的第五航空队开始集中攻击马努斯岛及其东部的洛斯内格罗斯岛，并派出照相侦察机进行侦察。2 月 23 日晚，一份侦察报告表明，日军可能把部队从洛斯内格罗斯岛转移到马努斯岛。第二天，肯尼的侦察机报告说，在洛斯内格罗斯岛上没有发现什么活动，机场被废弃，渺无人迹。于是，肯尼向麦克阿瑟建议以小股部队迅速占领洛斯内格罗斯岛，取得机场后再空运大部队过去，从那里再进攻马努斯岛就容易了。

然而，麦克阿瑟的情报处长威洛反对这一建议。他根据自己的情报来源，认为几个星期以来日军一直增援马努斯岛和洛斯内格罗斯岛，使岛上日军增至4000 余人，而且主力在洛斯内格罗斯岛。但麦克阿瑟对肯尼的建议很感兴趣，认为“这是进行空袭的理想机会，如若取胜，盟军在太平洋的日程表可以提前几个月，也能挽救数以千计的生命”。2 月 24 日晚，在麦克阿瑟举行的军事会议上，他不顾许多人的反对，果断下定对洛斯内格罗斯岛进行一次“火力侦察”的决心，时间定在 29 日。

这一行动比原计划提前了整整 1 个月，而且准备时间只有 5 天。有人说这是“一场军事赌博，敌人是庄家，牌全在他们手中”。麦克阿瑟回答说：“是的，这是一场赌博。在这场赌博中，我能赢许多，输的却很少。我打赌，如果我运气非常好的话，我下几块钱的赌注可以赢 100 块。”

根据部署，由克鲁格的第一骑兵师组成 1000 人的侦察队担任这次行动。麦克阿瑟对他们的要求是：“迅速打击，出奇制胜，避免在滩头阵地展开交战。”如登陆顺利且没有不必要的伤亡，便可以继续前进，占领附近的机场，并迅速予以增援；如在滩头上遇到敌人意外的抵抗而形势不利时，就立即撤退。

麦克阿瑟决定亲自参加这次行动。2 月 27 日，他从布里斯班飞到米尔恩湾，在那里登上金凯德的旗舰“凤凰”号巡洋舰。克鲁格看到他来到这里大为惊讶，督促他回去。克鲁格后来写道：“他曾明确禁止我参加这次登陆攻击战，而现在他倒要自己这样做。我争辩说他这样暴露自己是不必要的，也是不明智的，如果他发生什么事，那将造成大灾难。他聚精会神地听我说，感谢我的好意，但接着说道：‘我必须去。’”第二天，克鲁格的侦察兵回来报告说，岛上的日本人像“‘蚂蚁一样多’”，这使克鲁格深感忧虑。但部队已准备完毕，麦克阿瑟坚定不移，不管怎么样，也要试一试，大不了撤回来就是了。

2 月 29 日是个雨天。上午，侦察突击队在飞机、军舰的掩护下，避开正面港口而在洛斯内格罗斯岛后门登陆。他们只遇到微弱抵抗，中午时分就占领了岛上机场。守岛日军措手不及，急忙组织力量在晚上反击。下午4点，麦克阿瑟不顾有遭到日军狙击手袭击的危险，坚持上岸。一位军官担心他的安全，想让他回到舰上去，并指着附近一片丛林说："对不起，先生，几分钟前，我们刚刚在那里打死了一个日军狙击手。"麦克阿瑟一面往前走，一面满不在乎地说："好极了，那是对付他们的最好办法。"当看到两具被击毙的日本士兵的尸体时，他对身边的人说："我真喜欢看到他们这样。"他视察了刚刚建立的围绕机场的环形防线，确信可以守得住，遂立即发电调遣增援部队，并命令战地指挥官蔡斯将军："无论出现什么复杂局面，都要守住已占领的阵地。你已经咬住他了，不要松口。"之后，浑身上下满是泥水的麦克阿瑟回到"凤凰"号上。

蔡斯没有辜负麦克阿瑟的期望。在那天晚上日军组织的反击中，他成功地守住了阵地。两天后，美援军陆续不断地到达，日军不得不反攻为守。经过一周的战斗，美军彻底占领了该岛。随后，克鲁格派出一支强大的部队在马努斯岛登陆，到8月下旬基本肃清了岛上的日军。此役，4000多日本守军除15个被俘外，全部被击毙。美军亡326人，伤1180人：麦克阿瑟终于赢了这场"赌博"，他的主动操胜博得了参谋长联席会议和新闻界的赞扬，称之为一个非凡的成绩，甚至连与麦克阿瑟向来不和的金也称之为"绝妙的一招"。

麦克阿瑟在战略反攻中，首创了"蛙跳战术"。

麦克阿瑟进攻新几内亚莱城的设想是，一部分部队向萨拉马瓦推进，造成萨拉马瓦为主攻目标假象，以掩护对莱城的进攻，莱城战役以澳大利亚第九师从海上进攻，以一个伞兵团在莱城以西的纳德扎布机场实施空降，夺取机场后，再由旨尼将澳军第七师空运过去。陆上、海上两路夹击，一举拿下莱城。

8月间，空军击毁了日军150多艘增援萨拉马瓦的驳船，日军被迫抽调莱城的守军从陆路进行增援，莱城的防御削弱了。

9月4日清晨，进攻莱城的战役开始了，澳军第九师和美军第四十一师在莱城以南的东海岸登陆。部队几乎未遭到来自地面的真正抵抗，上陆后迅速向莱城方向推进。

9月5日上午，1700多名伞兵空降到莱城西面的纳德扎布机场，开始从莱城西面向莱城推进。空降部队迅速占领了机场。

9月8日，日军从萨拉马瓦回防莱城，但为时已晚。9月10日，澳军第九师空运到纳德扎布，开始从莱城西面向莱城推进。9月12日，萨拉马瓦被盟军攻克，日军残部撤到莱城。9月15日，9000余名日军撤出莱城，逃往北部山区。

澳军第七师、第九师在莱城胜利会师。

“蛙跳战术”一举成功。

盟军乘胜进攻，10月2日又拿下了位于休恩牛岛东端的芬什港。

12月，美军第1陆战师和第112骑兵团，又攻占了新不列颠岛。

1944年2月，美军攻占马努斯岛。

1944年3月，美军占领马努斯岛和埃米拉岛后，对拉包尔形成包围，10万日军被封锁在拉包尔和—卡维恩，只能“自生自灭”，只有死路一条。

麦克阿瑟靠这种“蛙跳战术”占领了新几内亚全境。

1945年3月，盟军占领马尼拉，这样麦克阿瑟又回到了他热爱的菲律宾，最终以日本在太平洋地区的全面失败告终。

“蛙跳战术”就是首先夺取空军基地，利用有战斗机护航的轰炸机对敌进行空中轰炸。每前进一步，都要建一个空军基地，为下一步的进攻创造条件。由于南太平洋地区是以岛屿为主的战斗地形，“蛙跳战术”就可以一个一个地夺取岛屿，打击日军。

麦克阿瑟强调要进行陆、海、空三军协同的立体作战，这种立体战的形式是：通过占领前进基地，测算轰炸机的前进路线，以使中短程轰炸机可在同等距离的战斗机掩护下进行战斗。前进的每一个阶段都以一个机场为目标，作为下一个进程的垫脚石。当航空线向前推进时，在空军的掩护下海军又获得了敌人海上交通线。

锦囊妙语

避实击虚”就是避免以大量的伤亡进行正面攻击，而是打击敌之薄弱部位，“乘虚而攻”，进而切断敌人的补给线，使其无所作为，软弱无力，自行消灭。

吕公慧眼识英雄

汉高祖刘邦是西汉王朝的开国皇帝，他的妻子吕雉（即吕后、高后）辅佐他夺取天下，巩固政权，在秦汉之际的历史大变动中起了重要作用。刘邦和吕雉的婚姻，完全出之于吕雉之父吕公的撮合。

吕公是单父（今山东单县）人，与沛县县令是朋友。他因为躲避仇人的寻衅，就到沛县投靠县令。一次，沛令宴请贵客，当地官吏与豪富纷纷祝贺。沛县主吏萧何担任宴会的司仪，他依据客人送礼的厚薄安排座次。贺礼千钱以上的坐堂上，不满千钱的坐堂下。当时，刘邦不过是个小小的亭长，身无分文，进门后却高喊“贺礼万钱”。众人大吃一惊，吕公却深以为奇。他仔细端详刘邦的相貌和气度，颇有出众之处，对他十分敬重，不顾众人猜忌的目光，径自将刘邦引入上座。萧何对此十分不满。他认为刘邦好说大话，成事不足，败事有余。刘邦却谈笑自若，不时对那些贵客流露出轻蔑的神色。

酒宴快要结束时，吕公特意挽留刘邦，他对刘邦说：“臣少好相人，相人多矣，无如季相（刘邦字季），愿季自爱。臣有息女，愿为箕帚妾。”意思是想将自己的女儿嫁给刘邦为妻。吕公的夫人得知此事后，直埋怨吕公说，你经常说我们的女儿气质不凡，将来一定会成为贵人。沛令向你求婚，你都没有答应，怎么会许给刘季这样一个人呢？吕公不予理睬，终于将吕雉许配给刘邦。

在吕公看来，刘邦除了相貌和气度不凡外，他的豁达大度、不拘小节，表现了藐视传统、官吏豪富的大家风度，认定刘邦将来一定大有作为。知人于未显之时，这才是识人的一种独特的眼力与远见。后来，刘邦果然率众反秦，夺取天下。而当年在刘邦之上的萧何等人，则成了他的辅佐大臣。

锦囊妙语

透过现象看本质，透过贫穷的外表看出这位普通的凡人是一个非凡的英雄人物，这样的识人能力真的令人惊叹。

因隙利导的李光弼

安史之乱进入到第5个年头，史思明抢居了叛军头目的宝座。唐肃宗怕郭子仪功高震主，也把太平军从郭子仪手中交给了李光弼。唐肃宗乾元二年（公元759年），史思明率数十万大军猛扑两京。李光弼见敌众我寡，为确保长安的安全，干脆让出空城洛阳，亲率5万人屯驻河阳（今河南孟县西北），北连泽、潞数州，依托黄河，虎视洛阳，控制安军侧背，从而使史思明不敢贸然西进。

史思明见无法西进。李光弼的防守又无隙可击，便屯兵河清（今河南孟县西南），企图切断李光弼的粮道。李光弼于是驻军野水渡（今河南济源、孟津两县之间的黄河上）加以抵制。

两军对峙一日，傍晚，李光弼自回河阳，留兵千人，命部将雍希颢留守。临走时李光弼告诫道："贼将高庭晖、李日越均有万夫不当之勇。他们来了，你们千万不要出战。如果他们投降，你们就与他们一道回来。"言罢即走。众将领却听得莫名其妙，暗暗发笑。

第二天大清早，果然有一贼将率领500骑兵来到野水。雍希颢见来势汹汹，知不可硬拼，便对军士们说："来将不是高庭晖便是李日越，我们应听元帅告诫，不必出战，只需从容等待。看他如何行动。"于是裹甲息兵，冷笑静观。来将走到防御栅栏下，看到李光弼所带的军队竟会如此松散，不禁大为惊奇，于是喝问守将："李光弼在吗?"

雍希颢道："昨晚已回河阳?"

来将问："留守的有多少人马?"

雍希颢答："千人。"

来将问："统将是谁？"

雍希颢是无名小辈，来将显然从未听过，雍希颢见来将沉吟不答，左右徘徊，猛想起李光弼的话来，猜测来将莫非真是来投降的，赶紧发问：

"来将姓李还是姓高？"

"姓李。"

"想必便是李日越将军了？"

"你怎么知道？"

"李光弼元帅早有吩咐，他说将军你对朝廷素抱忠心，不过一时为史思明逼迫才勉强跟从叛乱，今特地命我在此等候，迎接将军归唐呢。"

李日越踌躇了一会儿，对左右说："今天无法抓捕李光弼，只有雍希颢，回去无法交账，不如归降唐朝吧！"众人均不答话。李日越便说要投降。

雍希颢赶紧开了栅门，即带着李日越一起去见李光弼。李光弼十分高兴，对李日越特别优待，并视为心腹猛将。李日越感激万分，请求写信去招降高庭晖。哪知李光弼却说："不必不必，他自然会来投降，与公在此地相见的。"众将领听说，更觉奇怪，连李日越也被弄得糊涂，不知他葫芦里卖的是什么药。哪知过了数日之后，高庭晖果然率所部前来投降。李光弼于是奏报朝廷，请求给李、高以官职。史思明失去了两员虎将，李光弼则转守为攻了。

手下因见李光弼如此轻而易举地降服两将，怀疑他们三人是否有约，便去问李光弼到底是怎么一回事。

李光弼说："我与两将素不相识，哪来密约？不过是因隙利导，揆情度理罢了。史思明经常对部下说，李光弼只善于守城，却不会野战。我出城驻军野水渡，他当然视之为捕杀我的天赐良机，肯定要派猛将来袭击。史思明有个天大的毛病，就是残暴待下，对于败军之将无法容忍。如果哪位将军放过如此良机而让我生还，他还不把那将军生吞活剥？李日越奉命而来，却得不到与我作战的机会，势难回去见史思明，投降唐军岂不情理之中？高庭晖的才勇远在李日越之上，他见史思明残暴，而李日越却在唐军中得以宠任，自然也想到我这里来谋占一席之位。"

锦囊妙语

揆情度理，瞄准对方的“间隙”下手。这种根据对手之间的某种漏洞、缝隙或者各种离心力，并有意加以放大，顺势使对手放弃敌对态度的计策就是“因隙利导”。

目光长远的宓子贱

春秋战国时期的宓子贱，是孔子的弟子，鲁国人。有一次齐国进攻鲁国，战火迅速向鲁国单父地区推进，而此时宓子贱正在做单父宰。当时也正值麦收季节，大片的麦子已经成熟了，不久就能够收割入库了，可是战争一来，这眼看到手的粮食就会让齐国抢走。当地一些父老向宓子贱提出建议，说：“麦子马上就熟了，应该赶在齐国军队到来之前，让咱们这里的老百姓去抢收，不管是谁种的，谁抢收了就归谁所有，肥水不流外人田。”另一个也认为：“是啊，这样把粮食打下来，可以增加我们鲁国的粮食，而齐国的军队也抢不走麦子作军粮，他们没有粮食，自然也坚持不了多久。”尽管乡中父老再三请求，宓子贱坚决不同意这种做法，过了一些日子，齐军一来，把单父地区的小麦一抢而空。

为了这件事，许多父老埋怨宓子贱，鲁国的大贵族季孙氏也非常愤怒，派使臣向宓子贱兴师问罪。宓子贱说：“今天没有麦子，明年我们可以再种。如果官府这次发布告令，让人们去抢收麦子，那些不种麦子的人则可能不劳而获，得到不少好处，单父的百姓也许能抢回来一些麦子，但是那些趁火打劫的人以后便会年年期盼敌国的入侵，民风也会变得越来越坏，不是吗？其实单父一年的小麦产量，对于鲁国的强弱的影响微乎其微，鲁国不因为得到单父的麦子就强大起来，也不会因为失去单父这一年的小麦而衰弱下去。但是如果让单父的老百姓，以至于鲁国的老百姓都存了这种借敌国入侵能获取意外财物的心理，这是危害我们鲁国的大敌，这种侥幸获利的心理难以整治，那才是我们几代人的大损失呀！”

锦囊妙语

得与失应该如何取舍，是一件事关长远的大事。要忍一时的失，才能有长久的得，要能忍小失，才能有大的收获。

头脑清醒的甘布士

美国伯维尔地方有一段时间经济十分萧条，不少工厂和商店纷纷倒闭，被迫贱价抛售自己堆积如山的存货，价钱低到 1 美金可以买到 100 双袜子了。那时，约翰·甘布士还是一家织造厂的小技师。他马上把自己积蓄的钱用于收购低价货物，人们见到他这股傻劲，都公然嘲笑他是个蠢材。约翰·甘布士并不理会人们的嘲笑而是照旧进行收购，同时，他租下来一个很大的货仓来储存这些货物。他的妻子很担忧，劝说他不要再收购这些别人廉价抛售的货物，以免血本无归。因为他们历年积蓄下来的钱数量有限，而且是准备用做子女教养费的。如果此举血本无归，那么后果便不堪设想。面对妻子的忧虑，甘布士微笑以对，他安慰妻子：“不出 3 个月，咱们就可以靠着收购的这些廉价货物大赚一笔！”

然而，这样的承诺似乎很难实现了。10 多天过去了，那些工厂开始烧掉库存以便稳定市场上的物价，因为就算贱价抛售，这些货物也很难找到买主。甘布士太太再也坐不住了，她认为这次肯定要赔到破产，开始对甘布士大发脾气。对于妻子的满面怒容，甘布士仍然笑着说再等等就会有转机。

转机终于出现了，美国政府为了稳定伯维尔地方的物价，开始采取了紧急行动：大力支持伯维尔地方的厂商复业。然而这时伯维尔地方因为之前的焚烧清货导致了存货奇缺，于是物价开始飞涨。这完全应验了约翰·甘布士的话。他马上将自己库存的货物一股脑地抛售出去。这样做可谓一箭双雕，既赚了一大笔钱，又稳定了市场物价，使其不至于过分暴涨。就在甘布士决定抛售货物的时候，他的妻子又在劝告他别着急把货物全都出售出去，等物价再涨涨再出售，能赚得多一点。甘布士听完后对妻子说："不能再拖延了，一定要全部出手，否则就会后悔莫及。"果然，甘布士的存货刚刚售完物价便开始下降，最终回落到正常水平。

后来，甘布士用赚来的这笔钱开设了5家百货商店，由于出色的经营头脑，这些商店的业务成绩都十分好。约翰·甘布士成为全美国举足轻重的商业巨子。

锦囊妙语

无论做什么事情，之前总要先想好这件事应该怎么办才最妥当。比如，要分几个步骤，需要注意什么问题，等等。思路清晰了，做事情才不至于因为缺少目标而变得盲目。

审时度势的隋文帝

公元581年，南陈的周罗、萧摩诃两将侵入隋境。杨坚早有灭陈统一的雄心，因此建国后便马上派其儿子杨广为并州总管，贺若弼为吴州总管，韩擒虎为庐州总管，分别坐镇在今山西太原、江苏扬州和安徽合肥，做好了北防突厥侵扰、南下灭陈统一的准备。此时，部署已毕，杨坚便以上柱国长孙览、元景山为行军元帅，命尚书仆射高颖统帅诸军，借南陈入侵之机开始实施"先南后北"的方略。

陈朝是一个大国，军事上兵多将众，具备较强的实力，但与当时的突厥相比，陈国的弱小也是显而易见的。所以"先南后北"实际上也是一种"先弱后强"的策略。再者，突厥人这时唯利是图，目光短浅，虽曾数次侵入长城以内，其目标则只是要掠取人马和资财，隋朝对此已作防备，所以南下伐陈不致产生后顾之忧。而且，江南富庶无比，先取江南可马上增强隋朝国力，这样更利于迅速战胜土地贫瘠但骑兵甚强的北方突厥。

不料隋军正在扎实地行动之际，忽报突厥联合原北齐的营州刺史高宝宁，一举攻陷了隋朝的临榆关（今山海关），准备长驱直入，大规模地南侵。隋文帝杨坚不禁深为震惊。

匈奴的别支突厥，是逐水草而居的一个游牧民族，兴起于北魏末年，强盛于6世纪中叶的北齐、北周时期。据有今长城以北、贝加尔湖以南、兴安内参以西、黑海以东的辽阔地区。拥有骑兵数十万，手持弓、矢、鸣镝、甲、刀、剑等具有优势的武器。当时突厥尚处奴隶制，但首领有绝对的权威，士兵作战亦极其勇猛，因此战斗力非常强。北齐、北周时期，两国火并，便争向突厥纳金帛以求和亲。突厥更加嚣张，其首领竟声称：“两儿（北齐、北周）常孝，何忧国贫！”杨坚代周建隋之后，逐渐减少了对突厥的献纳。突厥当然十分不满。但当时因为突厥的佗钵可汗去世，子侄之间忙于争权夺利，无暇侵隋。到了这时，沙钵略可汗已稳定了局面，嫁给佗钵可汗的北周千金公主按俗礼已改嫁沙钵略可汗，也不甘被杨坚篡代周室，日夜请求派兵复仇。沙钵略可汗于是企图借隋朝南下之机大举伐隋。

也正在这个时候，陈朝的陈宣帝病死，调回了侵隋军队，并遣人至隋军求和。隋朝的不少大臣认为这是进攻南陈的天赐良机。先南后北、灭陈统一又是经周密准备的国家大计，不能犹豫徘徊，轻易改变。众臣纷纷劝谏文帝继续向南挺进，不可因突厥的举动而让大事半途而废。但隋文帝却借“礼不伐丧”之名，向陈朝遣使赴吊，歉词允和，断然收退了南下的兵马。并力排众议，确定了“南和北攻”的方针，派重兵前往北方抵御和进攻突厥大军。

许多大臣对隋文帝中止伐陈而先击突厥的做法深觉不妥。隋文帝却说，突厥依恃强大的骑兵，行动迅骤，飘忽无定，本难对付。而今沙钵略可汗挟仇而来，意在一改过去只掠资财的战略，攻城略地，想深入我腹心，居心叵测。而现在的南陈却无此居心也无此能力。因此，统一大业虽以灭陈为标志，但最大的阻力则在突厥。如果死死抱住“既定的国家大计”不放，不作随机应变的修正更改，势必陷于腹背受敌的境地。而且都城长安距北境不远，防卫薄弱，突厥一旦乘机深入，必将朝不保夕。这样不要说统一大业，恐怕连立国根本都要无端失却了！

隋文帝审时度势，借“礼不伐丧”之名机智地改变用兵方向，采取稳健切实的南和北攻之策，使建立不久的隋朝在国力军力都不充实，国内尚不十分安定的情况下，避免了两线作战的兵家大忌。为集中力量制服突厥以解除主要危险然后稳步进军南下，统一全国奠定了可靠的基础。

锦囊妙语

审时度势，根据变换了的情况，灵活果断，及时机智地调整和改变行为策略，乃是使自己逢凶化吉的制胜法宝。

隔岸观火的蒋介石

1926年北伐军攻克武汉后，广州国民政府于1927年1月北迁武汉，史称武汉国民政府，以汪精卫为国民政府主席，自称为正统的国民政府；同年4月，蒋介石发动“四·一二”反革命政变后，在南京另立了一个国民政府，以蒋介石为总司令、胡汉民为国民政府主席。南京政府否认武汉政府的合法地位，武汉政府的汪精卫则以国民政府主席的名义宣布撤消蒋介石的总司令职务，武汉方面准备组织“东征军”讨伐南京政府，逼蒋下台。南京政府内部的新桂系对蒋介石也十分不满，同样逼蒋下台，在内外交困之下，蒋介石决定下野。

1927年8月13日，蒋介石离开南京到上海。14日，蒋介石在上海发表了他的辞职宣言，同日回到老家奉化溪口。

蒋介石的下野并不意味着他退出政治舞台，对蒋来说，下野是他采用的以退为进、隔岸观火的政治谋略。他要避开汪精卫派、西山会议派对他的攻击和新桂系对他的逼迫，他要等待时机，静观三大派的明争暗斗，在适当的时候东山再起。

当时在国民党内部有四派：一是西山会议派；二是汪精卫派；三是蒋介石派；四是以李宗仁为首的新桂系。蒋介石不辞职，其他三派都反对他；现在蒋介石急流勇退，处于超然的地位，三派就会火并，蒋介石就可以坐山观虎斗、隔岸观火，等待三派闹得不可开交时，再以公正者的面目出现，来收拾残局。

以后发展的事实是：蒋介石下野后，武汉方面不再“东征”。西山会议派、汪精卫派与南京政府暂时“统一”起来。9月份，三方协商在南京成立了一个32人组成的特别委员会，作为中央临时机构，行使中央职权。汪精卫本想逼蒋下台后，自己独揽大权，结果由于新桂系和西山会议派联合起来对付汪精卫，使得他的正统地位被否决，汪精卫只当了特别委员会中的一名委员。

没有得到权力，汪精卫十分气愤，9月18日成立特委会，21日他就跑回武汉，与拥有重兵的唐生智合作成立了武汉政治分会。南京政府令汪取消武汉政治分会，服从统一，武汉方面置之不理。于是，双方交兵，李宗仁的新桂系打败了唐生智的军队，占领了武汉。

看到双方交兵火并，蒋介石非常高兴，火已烧起来，但他认为还不够大，还不是他出山的时机，于是就到日本去了。

汪精卫看到唐生智失败，就跑到了广州，又成立了一个广州政府。

11月10日，蒋介石从日本回国。

处在危难中的汪精卫，在蒋介石回国的第二天，就在广州发表演说，表示愿意同蒋介石合作。从逼蒋下台到与蒋合作，汪精卫的如意算盘就是利用蒋介石对付李宗仁的新桂系。

桂系怕汪、蒋联合，也积极向蒋介石伸出友好之手，建议南京政府、广州政府与蒋介石三方在上海举行会议。

由于蒋介石下野，造成国民党内部混乱，张作霖向北方的冯玉祥、阎锡山发动攻势，冯、阎压力很大，都呼吁请蒋尽快复职。

这样，蒋介石一下子成了各方面势力都需要的“大好人”，除西山会议派不买他的账以外，国内各派都讨好他。无形中西山会议派被孤立了起来，于是蒋介石就一手策划了整倒西山会议派的行动。

11月22日，南京举行“庆祝讨唐大会”，会上有人发表“打倒西山会议派”的演说。会后游行，队伍行至复成桥时，枪声大作，死10人，伤20余人，凶手逃走。事后各地发起反对“一一·二二惨案”运动，指控此次惨案是江苏省党部常委、西山会议派葛建时制造的；要求惩办凶手葛建时，发起了对“西山会议派”的“征讨”。

事实上，这起惨案是由蒋介石指使陈果夫一手制造的。

经过这个事件，西山会议派处于受审的地位，失去了一切发言权。

在蒋介石下野的这段时间里，汪精卫派倒了，西山会议派倒了，只剩下了桂系。

12 月 3 日，国民党二届四中全会的预备会在上海召开，桂系南京政府、汪系广州政府和西山会议派参加。三派吵吵嚷嚷，闹得不可开交，桂系指责汪精卫，汪精卫为了保护自己就首先提出：“唯有在预备会议即日催促蒋介石继续执行国民革命军总司令职权，这才是解决党务、政务、军事问题的当务之急。”李宗仁急忙向报界发表声明，称汪精卫拥蒋反蒋反复无常，而他自己则一贯拥蒋。

二届四中全会预备会通过了蒋介石复职的决议，并决定 1928 年 1 月在南京召开的二届四中全会，公推蒋介石筹备。就这样，蒋介石重又登上了政治舞台。

汪精卫为蒋介石上台出了力，但蒋介石并不领情，而以好意“劝告”逼迫他离开上海，汪精卫没办法，只得亡命法国，这是汪精卫万万没有想到的。

蒋介石在关键时刻以退为进，使国内三派互相拆台，甚至动武，而他自己则坐收渔人之利，不仅使他重新登上政治舞台，而且赶走了汪精卫，可以说是老谋深算、狠毒狡猾。

锦囊妙语

隔岸观火在运用上的核心是充分利用敌方内部的一切矛盾和冲突，这就要求用计者必须非常熟悉敌方内部的情况，并对其发展趋势有一个正确的判断。

冯唐的真知灼见

汉文帝十四年（公元前166年）冬，匈奴常犯边，文帝常思镇边良将。

一次，朝中无事，文帝乘辇出巡，路过郎署，见一老人站立在房前，于是停辇下车向前问道："父老在此，想为郎官，不知家在何处?"老人答道："臣姓冯名唐，祖本赵人，至臣父时移居代地（今河北蔚县）。"文帝即位前，曾为代王，在代地居住多年。闻老人之言，不禁忆起往事，说道："我居代时，尚食监高祛常向我说起赵将李齐，他与秦将王离战于巨鹿（今河北巨鹿县），非常骁勇，可惜今已不在，但我每次都会想到此人。不知父老知道此人吗?"冯唐见问，说道："李齐虽勇，尚赶不上廉颇、李牧。"文帝道："我若得廉颇、李牧为将，何惧匈奴。"冯唐看了看文帝，摇首道："陛下果真得到廉颇、李牧，恐怕也不会重用!"文帝见冯唐当众责己，心中不悦，拂袖上辇，起驾回宫。

文帝回到宫中，越想越生气，不知冯唐此言从何说起，遂令内侍往召冯唐。

冯唐奉召，来到宫中，见文帝面带怒色，心知原因，于是施礼后站立一旁，缄口不语。

文帝开口诘道："公为何当众辱我，难道不会私下再说吗?"冯唐见文帝如此，忙道："臣不知忌讳，还望陛下宽宥!"文帝又问："公又怎知我不能重用廉颇、李牧?"冯唐答道："臣闻上古明主，遣将出征，非常郑重，临行必屈膝嘱将道：'朝门以内，听命寡人；朝门以外，听命将军。军功爵赏，统归将军处理，可先行后奏。'这并不是空谈。臣闻李牧为赵将，边市租税，可收归自用，飨士犒卒，不必上报，君主也不遥控，如此李牧才得以充分施展才能，统军北逐匈奴，西抑强秦，南防韩、魏，东灭澹林。试问陛下能如此信任他人吗？近日魏尚为云中（今山西长城外、内蒙西南部一带）守，所收市租，尽飨将士，且出私钱，宰牛置酒，遍飨军吏、舍人。因此，将士愿效死命，合力镇边。匈奴一次犯边，就被魏尚领军截击，将胡兵杀得大败，抱头鼠窜，不敢再来。陛下却因他报功不实，所差敌首只有六级，就把他捉拿入狱，罚做苦工。如此，不是法太明、赏太轻、罚太重了吗？所以臣说陛下若得廉颇、李牧，也不能重用！”

文帝听后，觉得冯唐言之有理，遂转怒为喜，命冯唐持节前往狱中，赦出魏尚，仍拜为云中守。因冯唐荐人有功，拜为车骑都尉。

魏尚复出镇边，匈奴闻后，果然畏惧，不敢犯边。北方边境，暂时得到安宁。

锦囊妙语

先用激将之法，引起对方重视，然后从历史名将谈起，再引出己方的人才、使对方明白，不是没有人才，而是识不识人才，肯不肯用人才的问题。

高瞻远瞩的李德明

公元1004年的正月，党项族的首领李继迁去世，其子李德明继位。李继迁在位时，百折不挠地联辽抗宋，利用宋朝疲于应付辽国不断南侵之机，在西北大地上纵横驰骋，时时劫掠宋朝边境，最后一举攻克了军事重镇——灵州，创立了夏、辽、宋三国鼎峙的局面。李德明继承父志，利用这一大好形势。准备进一步发展党项实力，打击宋朝，于是，即位之初即向辽国奉表，表明一如既往的联辽抗宋之态度。辽朝也当即封李德明为西平王，承认了他在党项族中的领导地位。这样，三国鼎峙局面未变，与辽朝的友好关系没变，而因新得灵州这一辽阔、富饶的土地，党项对宋朝的打击力量显然大大地增强了。

然而，李德明并没有利用如此大好形势，像他父亲那样向宋朝积极诉诸武力，而是来了个180度大转弯于公元1005年特地派遣了牙将王嵰，赶往宋朝奉表入朝，表示愿意向大宋皇帝称臣。

对于一个正统的勇蛮好斗、性烈如火的党项族人来说，李德明的举动实在令人感到瞠目结舌。不过，“一操一纵，度越意表。寻常所惊，豪杰所了。”也就是说，有智有谋者，一收一放往往都会出人意料。一般人对其行为举措莫名其妙，真正的豪杰却了解于心，会心而笑。

李德明不仅是个勇武好斗的党项族人，他也是个胸怀韬略的英明君主。他不在乎普通党项民众的惊疑不解，他只要切实执行他成竹在胸的“高瞻远瞩，践墨随敌”的长远计谋。

原来，就在李德明继位不久，即公元1004年冬季，宋、辽订立了著名的“澶渊之盟”，宋辽大战从此告一段落，两国开始相安无事，和平共处了。显然，这一重大事变必然要影响到党项与辽、与宋的关系。党项与辽早订和约，关系尚浅，而党项与宋朝的关系则一直以刀枪说话。以往党项在与宋朝交战中之所以尚能输少赢多，倒并不是因为敌弱我强，而完全是因为宋朝东西不能兼顾，主要兵力被辽国所牵制的缘故。现在，宋辽结盟，如果宋朝发狠心专来对付党项，那么且不说刚刚出现的三国鼎峙之势有可能即刻消失，就是党项族的生存恐怕也成了问题……

宋朝不一定会发狠把党项族赶尽杀绝，但如果战火连天，烽烟不断，兵在国贫，那么谁能担保东边的辽国会不来坐收渔翁之利呢？辽国有抗衡宋国的实力，它要在党项人身上讨点便宜本来就不是件难事。

还有，父亲李继迁征战20年，为开创三国鼎峙的局面历尽了千辛万苦，得之不易。民众本已苦不堪言，新得的灵州之地有待开发培育。所以现在最需要的就是喘口气休养生息，借有利形势迅速扩充国力，使三国鼎峙的局面真正牢固化。

最现实的问题是，宋朝在与党项的多年争战中也变得乖巧了。在李继迁去世、李德明新立之际，就有大臣曹玮向皇帝指出：“李继迁擅河南地（即今鄂尔多斯地区）20年，兵不解甲，使中国有西顾之忧。今其国危小弱（李德明才23岁），不即捕灭后更强盛不可制，请率精兵，拎德明献于阙下。”只因当时宋朝与辽国激战，都被辽打得大败，自救不暇，才无力分兵西顾，不得不暂时把曹玮的建议放下，而采用了另一种更为阴柔难防的计策：一方面诏示德明“审图去就”，另一方面，又下诏党项豪族万山、万遇、庞罗、逝安、万子等率部归顺宋朝，并各授团练使之职，赐银

10000 两、绢 10000 匹、钱 50000，茶 5000 斤……用重赏厚赐使党项人自我溃败。并且，早在公元 1001 年开始，宋朝就支持吐蕃久谷部长潘罗支统治西凉。因而潘罗支非常愿意与宋朝遥相呼应，夹击党项。李继迁就是在与潘罗支激战中，被流矢击中致死的。这样，西有潘罗支以及也受宋朝支持的回鹘兵，南有刚刚与辽国停战的宋官军，内部又有自残溃败的可能，李德明如果不及时采取有效措施，那么党项人的命运恐怕就要断送在他手里了。

于是，李德明果断地派牙将王蠊向宋朝入表称臣，务求喘气养民，消除西边危机以取得扩充国力的机会。宋朝不知是计，大上其当，当即同意议和停战，并在谈判条件上步步退让。

不久，宋与辽不断给李德明加官封爵。宋又令河西各少数民族部落各守疆场，勿侵夏境。并把原本用于瓦解党项内部贵族的银帛茶币加倍“恩赐”。

李德明得到这些大量的“恩赐”，足以用来笼络团结各部贵族，又得到和平建设的大好时机，使党项实力迅速加强。于是，一方面在南边筑城建池，充实对宋朝的防务，另一方面向西扩疆拓野，接连攻占了回鹘、吐蕃的大量土地，成为泱泱大国。1020 年，还在灵州的怀远镇修建都城，从西平迁到新城，号为兴州（即今宁夏）。西平在黄河之东，离宋朝边境较近，兴州在益河之西，宋军因黄河之隔无法抵达，加上有贺兰山作屏障，实为建都定国的风水宝地。于是，大夏帝国的根基已被完全奠定，党项族完全独立于宋朝的控制，有了坚实的基础。

锦囊妙语

“高瞻远瞩”的意思是站得高，看得远，做事情能超脱偏执，展望未来，周全处置。

以多制胜的朱可夫

1943年春季，朱可夫的主要精力用于研究库尔斯克战役。自斯大林格勒会战之后，苏军战线向西推进600余千米，在库尔斯克城附近形成了一个具有战略意义的突出部。希特勒企图夺回战略主动权，重新打开通往莫斯科的道路，于是下了最后赌注——发动占领库尔斯克的“城堡”攻势。希特勒命令：“把最好的部队、最好的武器、最好的指挥人员用于此次进攻。”他要让“库尔斯克城下的胜利之光照亮全世界”；朱可夫也意识到，即将进行的大决战，一定是规模空前的大较量。事实也正是如此，德军集合了90万人的精锐部队，1万门火炮，2700辆坦克和2000架飞机，朱可夫也进行了大规模的布阵，调集了130万兵力，1.9万门火炮，3500辆坦克和2000架飞机。同时他还在后方阵地准备了60余万人的强大预备队，在突出部地带建立纵深300千米的八道防线。朱可夫的基本战略构想是：开始以防御为主，用强大的炮火对付德军的进攻，以期消耗德军的有生力量。在德军的进攻达到筋疲力尽时，出动强大的突击队，进行快速反攻和突击，最后歼灭德军主力。朱可夫这一大胆而实际的战略构想，很快就得到实施。1943年7月4日深夜，朱可夫得知德军将在凌晨3点发动进攻的消息后，在来不及请示最高统帅部的情况下，当机立断，命令所有火炮进行反轰击准备。一时间，万炮齐鸣，整个德军阵地被炸得天翻地覆，致使德军的进攻推迟了3个多小时。由于苏军的强大炮火，使德军后来发动的几次进攻，均未得逞。不久德军被迫转入防御。7月12日，苏军开始了大反攻，强大的坦克集群很快就撕裂了德军的防线；8月5日，苏军收复奥廖尔和别耳哥曼德；8月23日解放了哈尔科夫。库尔斯克大会战胜利结束了。德军损失50余万兵力，1500辆坦克，从此一蹶不振，被迫转入全线防御。

自库尔斯克会战胜利之后，苏军的反攻势如破竹，半年之内解放了大部分苏联国土。12月中旬，朱可夫奉命回到最高统帅部，斯大林要求在新的一年里要把德军全部赶出苏联领土，将战争推到国外进行。1944年3月，朱可夫临时接替受伤的瓦杜尔丁大将，担任乌克兰第一方面军司令员。他亲临前线指挥部队，英勇地向前挺进。不到一个月，就解放了2163万平方公里的国土和57个市镇。最后在喀尔巴歼山麓打败德军，首先到达了捷克斯洛伐克和罗马尼亚边境。为了庆祝这一胜利，4月8日，首都莫斯科以320门礼炮齐鸣24响，向朱可夫和乌克兰第一方面军致敬。

锦囊妙语

在敌强我弱时，集中我方之优势，攻打敌方之劣势。在防御战中，以逸待劳，耗敌锐气。在歼灭战中，以多制胜，以快制胜。

宽猛相济治蜀汉

诸葛亮出山辅佐刘备时任军师。刘备建立蜀汉政权后，诸葛亮一直任丞相，被封为武乡侯，鞠躬尽瘁，为蜀汉事业付出了全部精力。

治理蜀汉之初，诸葛亮崇尚严刑峻法。他主张加强中央集权，打击分裂割据势力，并制定了《蜀科》作为蜀汉的法典，执法严明。

这些措施引起了一些人的非议。尚书令、护军将军法正建议推行温和的政策，他上书诸葛亮说："从前汉高祖刘邦进入关中时，曾经约法三章，秦国百姓懂得了德政。希望您能逐步放松严刑峻法，以抚慰蜀汉百姓的愿望。"

但是诸葛亮认为，蜀汉的情况同当时刘邦平定三秦时大不一样，不能作为对比。他说："秦国推行严酷的暴政，使百姓怨声载道，不堪忍受，揭竿而起，使天下大乱，汉高祖有鉴于此，推行宽大政策。刘璋治蜀软弱昏庸，德政推行不了，刑法不严，造成君臣关系逐渐被颠倒。现在我用严刑峻法，法治推行了，人们便知道什么是恩德，再以官位加以限制，得到了官位，人们便知道什么是荣耀。荣耀和恩德并施，君臣关系明确，才是最重要的治国之道。"

刘备死后，其子刘禅继位，称为“后主”。为了协助刘禅治蜀，诸葛亮精简官僚机构，明确制定了法规，集思广益，以软硬两手治国。

为了稳定蜀汉政权，诸葛亮决定出兵云南、贵州和四川交界地区，讨伐雍闿叛乱。出发前，参军马谡对诸葛亮说：“那个地方凭地势险要，早就有了叛逆之心；今天被征服，明天又会翻脸……用兵的道理在于攻心为上策，攻城为下策；心战为上策，兵战为下策。只愿您能使他们心服。”

诸葛亮接受了这个正确的建议，以柔克刚，恩威并重，用强硬手段 7 次抓住孟获，又以仁慈之心 7 次释放了孟获，从而平定了西南少数民族地区，为稳定蜀汉政权奠定了基础。

此后，诸葛亮继续将宽猛相济的方法推行到治理蜀汉中去，取得了很好的成效。

锦囊妙语

“一忍可以制百勇，一静可以制百动。”这就是小忍与大谋的关系。这种小忍作为一种处世谋略来讲，是非常高明的。

弘毅锦囊

一鸣惊人的楚庄王

在楚庄王即位之前，楚国的内政可谓经历了长期的混乱。

楚庄王的爷爷楚成王意图争霸中原，被晋国在城濮之战中打败，不久却又祸起萧墙。起初，原定商臣为太子，但不知怎的，楚成王居然发现商臣眼如黄蜂，声如豺狼，生性残忍，想改立公子职为太子。商臣为了把事情弄清楚，故意设宴招待姑母，在宴上轻侮姑母，商臣的姑母果然愤怒地说："怪不得你父亲要杀了你另立太子!"因为楚成王遇事总与妹妹商量，所以，商臣认为姑母的话证实了传言。商臣连忙向老师潘崇问计，潘崇问："你愿意侍奉公子职吗?"回答说："不能!"潘崇最后问道："你能成大事吗?"商臣坚定地说："能!"

公元前262年，商臣率领宫廷卫队冲进成王的宫殿，成王喜吃熊掌，这时红烧的熊掌尚未烧熟，成王请求等吃了熊掌再杀他。商臣说："熊掌难熟。"他怕夜长梦多，外援到来，就催促成王上吊自杀，自己即位为楚穆王。穆王在位十二年，死后由其子侣即位，是为楚庄王。

楚庄王即位时很年轻，即位之始，他并未像其他新君上任那样雷厉风行地干一些事情，而是不问国政，只顾纵情享乐。他有时带着卫士、姬妾去云梦等大泽游猎，有时在宫中饮酒观舞，浑浑噩噩、无日无夜地沉浸在声色犬马之中。每逢大臣们进宫汇报国事，他总是不耐烦地回绝，任凭大夫们自己办理。他根本不像个国君，朝野上下也都拿他当昏君看待。看到这种情况，朝中一些正直的大臣都感到十分着急，许多人都进宫去劝谏，可楚庄王不仅不听劝告，反觉得妨碍了他的兴趣。对这些不着边际的劝告十分反感，后来干脆发了一道命令：谁再来进谏，杀无赦。

3年过去了，朝中的政事乱成一团，但楚庄王仍无悔改之意。在这期间，他的两位老师斗克和公子燮攫取了很大的权力，斗克因为在秦、楚结盟中有功，楚庄王没给他足够的报偿，就心怀怨愤；公子燮要当令君未能实现，也心怀不满，二人因此串通作乱。他俩派子孔、潘崇二人去征讨舒人，又把子孔、潘崇的家财分掉，并派人刺杀子孔、潘崇。刺杀未成功，潘崇和子孔就回师讨伐，斗克和公子燮竟挟持庄王逃跑，在到庐地时，当地守将战黎杀掉了他们，庄王才得以回郢都亲政。就是经历了这样的混乱，楚庄王仍不见有甚起色。

大夫伍参忧心如焚，再也忍不下去，冒死去晋见楚庄王。来到宫殿一看，只见纸醉金迷，钟鼓齐鸣，庄王左手抱着郑国的姬妾，右手搂着越国的美女，案前陈列美酒，面前是轻歌曼舞。庄王看到伍参进来，当头问道："你难道不知道我的命令吗？是不是来找死呢？"

伍参抑制住慌张，连忙赔笑说："我哪敢来进谏，只是有一个谜语，猜了许久也猜不出，知道大王天生智慧，想请大王猜一猜，也好给大王助兴。"楚庄王这才放下脸，说道："那你就说说看。"伍参说："高高的山上，有只奇怪的鸟，身披鲜艳的五彩，美丽而又荣耀，只是一停三年，三年不飞也不叫，人人猜不透，实在不知是只什么鸟！"

当时的人都把各种各样的谜语称作"隐语"，这些隐语往往有一定的寓意，不像今天的谜语这样单纯，因此。人们多用这些隐语来讽谏或劝谏。楚庄王听完了这段话，思考了一会儿说："三年不飞，一飞冲天；三年不鸣，一鸣惊人。此非凡鸟，凡人莫知。"伍参听后，知道庄王心中有数，非常高兴，就又趁机进言道："还是大王的见识高，一猜就中，只是此鸟不飞鸣，恐怕猎人会射暗箭哪！"楚庄王听后身子一震，随即就叫他下去了。

伍参回去后就跟大夫苏从商量，认为庄王不久即可觉悟，没想到几个月过去后，楚庄王仍一如既往，不仅没有改过，还越发不成体统了。苏从见状不能忍耐，就闯进宫去对庄王说："大王身为楚国国君，即位三年，不问朝政，如此下去，恐怕会像桀纣一样招致亡国灭身之祸啊。"庄王一听，立刻竖起浓眉，露出一副暴君的形象，抽出长剑指着苏从的心窝说："你难道没听到我的命令，竟敢辱骂我，是不是想死？"苏从沉着从容地说："我死了还能落个忠臣的美名，大王却落得个暴君之名。如果我的死能使大王振作起来，能使楚国强盛，我甘愿就死。"说完，面不改色，请求庄王处死他。

楚庄王等待多年，竟然无一个冒死进谏之臣，他的心都快凉了。这时，他凝视了苏从几分钟，突然扔下长剑，抱住苏从激动地说："好哇，苏大夫，你正是我多年寻找的社稷栋梁之臣！"庄王说完，立刻斥退那些惊恐莫名的舞姬妃子，拉着苏从的手谈了起来。两人越谈越投机，竟至废寝忘食。

苏从惊异地发现，庄王虽三年不理朝政，但对国内外事无巨细都非常关心，对朝中大事及诸侯国的情势都了如指掌，对于各种情况也都想好了对策，这一发现使苏从不禁激动万分。

原来，这是庄王的韬光养晦之策。他即位时十分年轻，不明世事，朝中诸事尚不明白，也不知如何处置，况且人心复杂，尤其是若敖氏专权，不明所以，他更不敢轻举妄动。无奈之中，想出了这么一个自污以掩人耳目的方法，静观其变。在这三年中，他默默地考察了群臣的忠奸贤愚，也测试了人心。他颁布劝谏者死的命令，也是为了鉴别哪些是甘冒杀身之险而正直敢言的耿介之士，哪些是只会阿谀奉承、只图升官发财的小人。如今，三年过去，他的年龄已长，经历已丰，才干已成，人心已明，他也现出庐山真面目了。

第二天，他就召集百官开会，任命了苏从、伍参等一大批德才兼备的大臣，公布了一系列的法令，还采取了削弱若敖氏的措施，并杀了一批罪大恶极的犯人，以安定人心。从此，这只"三年不鸣"的"大鸟"开始励精图治，争霸中原，后来楚庄王平定了国内的若敖氏叛乱，对外进行了长期的战争，终于成为春秋五霸之一。

锦囊妙语

之所以三年不飞不鸣，不是不知道飞，不愿意鸣，而是基于自己的现状和实际情况而不得不如此。

萧何力荐韩信为大将

韩信是楚汉之际出色的军事家。他的军事才能在很长时间里不被人们认识，经历了许多曲折，长期被埋没。多亏有萧何的慧眼辨才，并诚恳挽留，极力保举，韩信才得以施展他出色的军事才能。

韩信的遭遇，与卞和献玉的故事十分相似。

秦末，韩信仗剑投楚，被用为郎中。曾多次向项羽献计，都未被采用，郁郁不得志。

西汉元年（公元前206年），韩信背楚投汉，被刘邦用为连敖，仍无法一展宏图，于是牢骚满腹，并因此与同僚门人获罪当斩。当时，监斩官是夏侯婴，13人陆续斩首，轮到韩信，他忽然大叫："汉王不是想得天下吗？那为何要杀壮士！"夏侯婴听后，急令停刑，将他唤到面前一问，才知叫韩信，见他身材高大，言吐不凡，知他非同常人。于是令人将他押回大牢，自己前往刘邦处禀报，说韩信是个可用之才，不可因小过问斩，并建议刘邦委与重任。刘邦听后，下令赦免韩信，并将其提升为治粟都尉，但没有重用。

丞相萧何知道此事后，派人叫来韩信，见他相貌不凡，已经心喜，谈论起来，韩信对楚汉形势了如指掌，说起兵法，对如何治军，如何布阵，更是滔滔不绝。萧何深感韩信是当世不可多得的将才，于是向韩信保证，将向汉王刘邦竭力保荐。

韩信得到萧何赞许，满以为相臣权重，自己定会得到汉王重用，以实现建功立业的心愿。岂知，萧何数次向刘邦推荐韩信，都没有得到刘邦的答复。旬日之后，韩信见没有动静，心知不能被汉王重用，决心另投他处。一天傍晚，他收拾好行装，只身离开了汉营。萧何闻讯后，如失至宝，忙骑上一匹快马，向韩信出走的方向追去。萧何因走得匆忙，没来得及通知刘邦。第二天清晨，有人来报，说丞相逃走了。

刘邦听后，大惊，心想：我待萧何如手足，他怎能轻易弃我而去！忙派人四处找寻。两日后，正当刘邦焦急之时，萧何带着韩信又返回了汉营。刘邦一见萧何，又喜又怒，问道："你为何不辞而别？"萧何说："臣怎敢私逃，实是追人！"刘邦问："你追的是何人？"萧何说："追的是都尉韩信！"刘邦闻言，不禁大怒，说："我自关中到南郑，逃走的人很多，你都不去追，为何只去追韩信？"萧何回道："以前所逃之人，无关轻重，去留自便，独推韩信，乃是国士，当今无双，怎可让他逃去？大王若愿久居汉中，可以不用韩信，如要争夺天下，除韩信外，无人能担此重任，所以臣将他追回。"刘邦说："我怎能长居此地，定要挥兵东进！"萧何听后，接着说："既如此，就一定要重用韩信，用韩信，韩信则留，不用，韩信定会离去。"

刘邦见萧何如此力荐韩信，不禁问道："你数荐韩信，韩信果有真才实学吗？"萧何说："臣已考察日久，韩信确是当今奇才。"刘邦见事已至此，只好说："那就用他为将，以一试优劣。"萧何说："只用为将，仍不能留住韩信。"刘邦沉思了片刻，遂说："那就拜他为大将！"萧何听后，这才放下心来，急忙辞别刘邦，将此消息转告了韩信。

数日后，刘邦设坛拜韩信为大将。自此，韩信辅佐刘邦还定三秦，平定魏、赵、齐，围歼项羽于垓下，为刘邦统一天下立下了汗马功劳。

锦囊妙语

许多事物的本质，一开始往往不被大多数人所认识，甚至被人们误解，被人们否定。但是，事物总是向前发展的，经过少数先进人们的努力，事物的本质最终会得到大多数人的认识的。

善用士气的曹刿

公元前684年，齐国派大军攻打鲁国。鲁庄公准备率军迎战。

一个叫曹刿的人听说鲁庄公要与齐军作战，便要进宫为鲁庄公出主意。乡里人劝曹刿说："庄公身边谋臣很多，要你参与干什么？"曹刿说："他们都是一些鄙陋不通之人，没有远见卓识。”于是便入宫进见鲁庄公。曹刿问鲁庄公根据什么决定与齐国作战，鲁庄公说：“我有好衣服好食品，从不敢独自享受，一定要分给周围的人。”

曹刿说：“您这是小恩小惠。小恩小惠是不能使全国人得到好处的，所以百姓不会跟从您。”

鲁庄公又说：“我在祭祀神灵的时候非常虔诚，祭祀所用的牲畜物品从不敢随便增加，祭祀时的祷告之词全都充满真实情感。”

曹刿说：“您这是一己之诚，并不能代表一切，神灵也不会庇护您。”

鲁庄公想了想，又说：“但有一点，对于国内所发生的大大小小的案件，我虽不能一一察清楚，但是只要经我处理，我一定要使其结果合情合理。”

曹刿赞许道：“这才是打胜仗靠得住的前提。因为您这样做，表达了一种为百姓尽力的心意，凭这一点，可以与齐国打一仗了。但我请求您让我和您一同前往。”

鲁庄公答应了。曹刿便与鲁庄公同乘一辆战车，来到前线。齐、鲁两国军队在长勺这个地方摆开阵势，鲁庄公便要击鼓作战。曹刿劝阻道：“还不到时候，等等再说。”这时，齐国军队便开始擂鼓作战。等齐军擂击三遍鼓时，曹刿才说：“是时候了，可以擂鼓迎战。”结果，鲁国军队一鼓作气，将齐军打败。

齐军打了败仗，向后撤退。鲁庄公准备下令追击，曹刿说：“请等一下。”说完，走下战车，仔细观察齐军的车辙，然后又登上车前的横板极目远望，最后才说：“可以追。”这一战，鲁军大获全胜。

战斗结束之后，鲁庄公问曹刿为什么在齐军三鼓之后才击鼓迎战？曹刿说：“作战是要靠士兵的勇气的。当齐军擂第一遍鼓时，其军勇气正盛；第二遍鼓，其军勇气就减弱了；到第三遍鼓时，他们的勇气就没有了。齐军勇气竭尽，而我军勇气正盛，所以会一战而胜。”

鲁庄公又问：“为什么齐军败后，你不让我军马上追击呢？”

曹刿说：“齐国是个大国，大国作战，难以琢磨。我怕他们退中有诈，设下埋伏。我仔细看过他们撤退时的车辙，发现其车辙杂乱不堪。又登高远望他们的旗子，发现其战旗已经倒下。由此断定他们是真的溃败了，所以才下令追击。”

锦囊妙语

“一鼓作气”是等待敌方三遍鼓之后才出现的，这是“避其锐气，击其惰归”的高度实践。

功高不骄的徐达

“指挥皆上将，谈笑半儒生”的徐达，出生于濠州（今安徽凤阳）一个农家，儿时曾与朱元璋一起放过牛。在其戎马一生中，有勇有谋，用兵持重，为明朝的创建和中国的统一立下赫赫战功，是中国历史上著名的谋将帅才，深得朱元璋宠爱。

但是，就是这样一位战功赫赫的人，却从不居功自傲。徐达每年春天挂帅出征，暮冬之际还朝。回来后立即将帅印交还，回到家里过着极为俭朴的生活。按理说，这样一位儿时与朱元璋一起放过牛的至交，且战功赫赫，甚至朱元璋还将自己的次女许配给他，完全可以“享清福”。朱元璋也在私下对他说：“徐达兄建立了盖世奇功，从未好好休息过，我就把过去的旧宅邸赐给你，让你好好享几年清福吧。”朱元璋的这些旧邸，是其登基前当吴王时居住的府邸，可徐达就是不肯接受。万般无奈的朱元璋请徐达到这些府邸饮酒，将其灌醉，然后蒙上被子，亲自将其抬到床上睡下。徐达半夜酒醒问周围的人自己住的是什么地方，内传说：“这是旧内。”徐达大吃一惊，连忙跳下床，俯在地上自呼死罪。朱元璋见其如此谦恭，心里十分高兴，命有关部门在此旧邸前修建一所宅第，门前立一牌坊，并亲书“大功”二字。

徐达功高不骄，还体现在他好学不倦、严于律己上。放牛出身的徐达，少年无读书机会，但他十分好学，虚心求教，每次出征都携带大量书籍，一有时间便仔细研读，掌握了渊博的军事理论。因此每每临阵指挥，莫不料敌如神，进退有据，且每战必胜，令人心服。

身为统帅的徐达，还能处处与士兵同甘共苦。遇到军粮不济，士兵未饱，他也不饮不食；扎营未定，他也不进帐休息；士卒伤残有病，他亲自慰问，给药治疗。如遇上士卒牺牲，他更是重视而筹棺木葬之。将士对他无不感激和尊敬。

本来可以声色犬马的徐达，却平生无声色酒赌之好，“妇女无所爱，财宝无所取，中正无所疵，昭明乎日月”。朱元璋赐予他一块沙洲，由于正处于农民水路必经之地，家臣以此擅谋其利，徐达知道后，立即将此地上缴官府，“其无私欲，持大节类如此”。

1385年，徐达病逝于南京。朱元璋为之辍朝，悲恸不已，追封为中山王，并将其肖像陈列于功臣庙第一位，称之为“开国功臣第一”。

锦囊妙语

不居功自傲，充分反映了一个人良好的修养，也显示了一个人处世的谋略。历代皇帝总是在政权到手后，视功臣为最大威胁，千方百计收回权力。因此，如果功高自傲，无异于引火烧身。

言而有信的林肯

著名的美国总统林肯先生在他的处世中有一条原则：不要轻易给别人许诺，一旦许诺以后就要兑现。这条原则一直伴随着他的一生。

一天，林肯正在自己开办的律师事务所里清扫房间。这几个月来，生意一直不好，林肯心里很着急，如果这种状况继续下去，那么，这个事务所离关门也就不远了。

正在这时，一个满面愁容的贵妇人模样的女人走了进来：“哎呀，先生，您是这儿的律师吗？”

林肯答应着，请她坐下，让她安静一下。

女人惧怯、悲愤的心情流露在眉宇之间，看上去，她很焦急。她如泣如诉地诉说自己的委屈。她的小儿子阿姆斯特丹错误地结识了一批恶人，整天与他们混在一起，还把他们当成自己的好朋友，其中有一个名叫福尔逊的，别人借了他钱，他要阿姆斯特丹与他一起去讨债。

一天晚上，他们俩趁那个人刚从酒店里喝得大醉出来，把他劫到一个僻静处，由阿姆斯特丹放哨，福尔逊"审训"那个人，向他索要钱财，那个人声称自己没有钱，福尔逊一气恼捡起一个酒瓶子便使劲砸下去，谁知，竟将那人砸死了。后来，福尔逊主动投案，诬陷阿姆斯特丹是杀人凶手，警方对此深信不疑，即将判刑。

那个女人又说自己跑了好几家律师事务所，但没有人敢出来受理，最后她说：

"先生，救救我的儿子吧！他是无辜的。如果官司打赢了，我决定付10万美元的报酬。"10万美元可不是个小数目，这使正处于拮据中的林肯简直有点惊呆了，可是他还是不停地来回踱着步，面冷如铁，不说一个字。

"先生，难道您不相信我的话吗？"女人有点失望。"不，尊敬的女士。我首先想到的是事实。事实，懂吗？事实是律师的金子，事实是律师行路的拐杖。没有事实，任何一个高明的律师也打不赢官司。所以，在没有获得事实以前，我只能是半个哑巴。"

"先生，我不明白您的意思。"

"假如您说是一件事实，而且也有确凿的证据证明它是事实，那么，事情就成功啦，您的儿子就有救了。"

女人凝噎片刻，才说："先生，您的稳健、智慧，使我看到了生命的希望。"

林肯跋山涉水，历尽艰辛，寻找与案子有关的线索，最后凭借铁的事实、超人的智慧和雄辩的口才，他拯救了阿姆斯特丹，赢得了这场众所周知、几乎已成败局的官司的胜利。因此，林肯赢得了众人的尊敬和信任，他的事务所的生意也日益好起来。

锦囊妙语

不轻易许诺，让事实说话。古人云："轻诺必寡信。"意思是，轻易许诺的人必定是没有多少信用的人。

张齐贤智退辽军

雍熙三年（公元986年），宋太宗听信边臣的情报，认为辽帝刚死，主幼国弱，是伐辽的大好时机，于是下令兵分三路夺取幽州（今北京市），志在收复燕云十六州。战争初期，宋军势如破竹，连接夺地克城，可是由于曹彬率领攻打幽州的主力部队没按宋太宗事先布置的计划行事，而是在众将的要求之下贪功冒进，直取涿州（今河北涿县），因粮草不济不得不退出涿州，结果给辽军造成可乘之机，10万大军在歧沟关（今河北涿县西南）被辽兵打得大败，伐辽取燕云十六州的计划破产了。中路和西路军也不得不后撤。

西路大军由潘美、杨业率领。在后撤时，宋太宗下令将辽境内的百姓迁入内地。在掩护百姓后撤过程中，主帅潘美不明形势，听信谄言，临阵逃走，致使杨业兵败战死。杨业作战英勇，人称杨无敌。辽兵对他十分害怕。杨业的死，使得北部边防缺少了一员大将。由谁来填补这一空缺呢？这令宋太宗颇为费神，于是他向近臣寻访合适的人选。这时，左谏议大夫张齐贤主动请求镇守北边，宋太宗便任命张齐贤为代州（今山西代县）知州，同潘美一道统领兵马抗击辽兵。

张齐贤从小便勤学苦读，颇有远大志向。宋太祖到西京洛阳（今河南洛阳）巡幸时，张齐贤以布衣百姓的身份拦住宋太祖的马，向宋太祖献上10条治国之策。宋太祖回到京城后，对宋太宗说："我去洛阳，唯一的收获便是得到了一个张齐贤，我不打算给他封官，还是让他以后为相来辅佐你吧。"

宋太宗继位后广开科举，张齐贤中进士。入朝为官后，张齐贤在许多重大问题上都提出了自己的独到看法：对北征伐辽，他认为人民为本，疆土为末，宜先本而后末，安内养外。

张齐贤到代州上任后不久，辽兵便自湖谷（今山西崞县西北）入寇，大军直抵代州城下。代州城中的神卫都校马正率所部在城南门外列阵迎敌，但是人数太少，而副部署卢汉货又惊慌不战，躲在城中自保，张齐贤见到这种情况，便在从事劳作的厢军中挑选2000人，慷慨誓师，然后亲自率领，从马正的右侧杀出，辽兵见宋军来势凶猛，于是便从城下退走。

当初辽兵来犯时，张齐贤便派人给潘美送信，让他发兵，以便联手将辽兵击退。但是，张齐贤派出送信的人在回来的路上被辽兵俘虏，张齐贤因此很担心潘美出兵的事已泄露，万一潘美率军前来，就会遭辽兵伏击。正在张齐贤担心的时候，潘美派人来送信，说大军从并州（今山西太原市）出发，刚到柏井（今山西阻曲县东北）便接到了宋太宗的密诏：宋军在君子馆（今河北广县西北）同辽军的会战中大败，数万人战死，并州的兵马不准出战，所以潘美率大军已退回并州。张齐贤得知潘美的大军不再前来，心中松了一口气，但如何击退眼前的辽兵，张齐贤又开始了思考。当他问明目前辽军的分布和四周的山川形势之后，一个破敌计划在心中形成了。

张齐贤先将潘美派来的送信的密使软禁起来，严密封锁潘美退兵的消息，然后对众将说："辽兵知道潘美要率兵前来会战，却不知道潘美已退兵，这正是我们破敌的大好时机。"于是半夜时分，张齐贤派出200人，每人手持一面旗帜，肩背一捆柴草，到距代州西南30里的大山中，遍地插旗，燃烧柴草，虚张声势，然后又派出2000步兵，在土橙寨（今山西宁武县东）设伏。辽兵远远望见代州城西南有火光，火光中还有旗帜飘动，以为潘美的大军已然到达代州城外，便慌忙向北逃走，这正让土橙寨设伏的宋军候个正着，宋军一通掩杀，打得辽军大败。这一仗，宋军俘获了北大王的儿子和一名帐前舍利，斩首数百级，缴获了2000匹战马，还有许多兵器、铠甲。

后人在评论宋军歧沟关大战失利后的对辽作战时说：大小几十余战，唯有张齐贤打了一场漂亮的胜仗。

锦囊妙语

遇事不慌，胸有全局是高素质人才的基本标志。只有具备了这些素质才能与时俱进，随机应变。

纳贤举才的李光耀

1959年6月，李光耀出任自治邦总理，他所面对的是一个满目疮痍、百废待兴的新加坡。一方面，这里是一个多元种族、多元语言、多元文化的混杂社会；另一方面，由于长期的殖民主义统治，使新加坡政治局面动荡，经济结构单一，社会风气低下，人民生活贫穷落后。尽管李光耀有远大抱负，留学期间也学到了不少治国经验与理论，但是要治理这样一个如此落后的国家，只靠自己一个人单枪匹马是很难胜任的。要想创建大业，首先需要有一大批第一流的经济专家和其他各方面的精英人才。李光耀站在国家利益之上，以他那博大的政治胸怀，为创建一个现代化的新加坡而广泛地招贤纳士。也正是在一大批志士仁人的帮助下，李光耀才创造了亚洲奇迹。

李光耀上任的首要任务，是急需整顿殖民时代留下的旧官僚机构和改造新加坡的单一经济结构。他首先起用的是吴庆瑞。此人毕业于英国伦敦经济学院，是当时新加坡较有名气的经济学博士，也是1949年英国伦敦组织“马来亚论坛”的主要发起人，李光耀就是在那时结识他的。李光耀十分赏识吴庆瑞的经济才能，大选获胜后，便任命他为财政部长，负责全面的经济整顿和改革。李光耀执政以来，两次遇到经济难题，都是这位得力的助手帮助他排忧解难的。20世纪60年代初，针对新加坡经济增长率低下，失业率高达12%，人民生活贫困，住房拥挤破烂的局面，吴庆瑞全力协助李光耀，确立了主要目标应为广大人民寻求“一个幸福、美满和有保障的生活”的经济政策，提出了“出路在于工业化”的发展战略，拟订了五年发展规划。同时还开辟了裕廊工业特区，集资兴办制造业，鼓励私人及外资建厂，广建廉价住房……这样，在很短的时间内政府便提高了人民生活水平及就业率，使新加坡安然度过了自治后最艰难的岁月，并为日后的经济发展奠定了基础。

1968年11月，由于英国提前撤离全部驻军，使新加坡的经济受到了严重的冲击，国内生产总收入减少20%，4万余名职工面临着失业。李光耀第二次起用了吴庆瑞，在4年之内，吴庆瑞在李光耀的全力支持下，大刀阔斧地改革了经济发展的基础设施，大力发展独立的出口业和旅游业，开创了金融业和黄金市场。这些措施收效甚大，不仅度过了英国撤军给新加坡经济带来的冲击，而且使国民生产总值达到了前所未有的高速度发展。吴庆瑞不仅在经济方面，而且在教育、军事等方面也为李光耀出计献策。一位评论家在论述李光耀起用吴庆瑞时指出：这是李光耀在用人之道方面的一个战略创举。他认为他们的合作是一对“完美的伙伴”，“一个是政治里手，精于谋略，善于斗争”，“一个是经济专家，长于筹划，善于组织”，“两人相得益彰，配合默契”。

除了吴庆瑞之外，李光耀所选拔的内阁班底中，几乎个个都是专家里手。如原国家发展部部长林金山，在助手侯永昌、建筑师郑章远的协助下，成功地解决了新加坡最严重的房荒问题。李光耀曾深有感触地指出：正是“这三位身居要职的杰出人才把几乎失败的事业化为成功”！已故的财政部长韩瑞生也被李光耀誉为仅次于吴庆瑞的“理财能手”。

李光耀被人们称为东南亚最强有力的政治家和领导者，这不仅由于他有足够的胆量与气魄，从容地驾驶着新加坡这艘航船在波涛汹涌的世界竞争大洋中乘风破浪，更重要的是他具有杰出的政治家难得的政治远见。他认为，任何一个地区和国家，要想生存和发展，人的因素是第一大事。这包括整体人口的一般水平和占人口中1%～2%的尖端人才的质量。正是出于这一战略思考，李光耀把培养造就社会人才作为国家根本性的任务。新加坡独立初期，他就向全国数千名校长和教师强调教育，指出必须大力提高全民素质，从根本上培养爱国精神，使下一代成为合格的优秀的社会中坚。他指出在未来居于社会领导地位的大学毕业生，不但要有学术修养，有坚强的毅力和奋斗精神，更要有同心协力、团结一致、为国效忠的精神。

从第一个五年计划开始，他就十分重视对技术人员和管理人员的培养提高，特别是对那些年轻有为、专业程度较高而且能够胜任国家高级领导的尖端人才，李光耀更是珍惜备至。从70年代起，他就考虑培养第二代接班人。他认为如果能有一批杰出的30～40岁的年轻人承前启后，国家领导层就能继往开来。1984年，人民行动党在他的领导下，进行了首次自我更新的大改组。推选了20多名30～40岁的中青年进入议会。同年11月，在李光耀第七次出任总理组阁时，12名内阁成员中就有7名平均年龄为40岁左右。同时，他还任命了一批30多岁的德才兼备的青年人担任各部的政务次长。

1988年7月组成的经济委员会，李光耀大胆地让位年轻一代的领导人、40岁出头的第一副总理吴作栋及李光耀的长子33岁的工贸部长李显龙去负责，充分发挥年轻人的才干。李光耀曾在宣誓仪式上豪迈地向人民表示："1959年我当'前锋'，1981年转为'中锋'，今天我把'中锋'的角色让给年轻领袖。他们已经受了各自角色的考验，我现在退当'守门员'。"李光耀正是这样，站在国家和民族利益的制高点上，以远见卓识的战略家气魄，造就和带领出一批批为国效忠的"中锋"队伍，也正是在他的运筹帷幄下，这支"中锋"队伍在世界经济大较量中踢出了一个个奇迹般的"好球"。

锦囊妙语

要想天下治，只有用贤人。路不险，则无以知马之良；任不重，则无以知人之才；岁不寒，无以知松柏；事不艰，无以知君子。

拖刀退敌的库图佐夫

土耳其与俄国的战争，从1808年一直持续到1811年，先后指挥俄军作战的有米赫尔松、普罗佐罗夫斯基、巴格拉季昂和小卡缅斯基。这些将军在俄国都是出类拔萃的军队统帅。

在战争的艰难时刻，普罗佐罗夫斯基元帅请求沙皇准许他任命库图佐夫为自己的副手。但不久，库图佐夫的声望就超过了他，他害怕起来，又请求亚历山大将库图佐夫调为维尔诺任督军之职。

1811年，亚历山大才醒悟到，只有库图佐夫能够挽救局势，他被迫任命库图佐夫为多瑙河集团军总司令，负责对土耳其作战。

库图佐夫终于打败了土耳其人，但他本人也被调离多瑙河集团军。

库图佐夫被解除职务后，又回到沃伦省戈罗什基村自己的庄园。

1812年5月，拿破仑集中了强大的兵力，总兵力51万人，编为11个军，另加老近卫军、青年近卫军、奥军和骑兵预备队，整个军团包括40个步兵师和25个骑兵师。

6月24日，拿破仑大军在柯夫诺越过涅曼河进入俄国国境。

与拿破仑相对抗的俄军有巴克莱·德·托利指挥的15万人和巴格拉季昂指挥的5万人，另有普拉托夫率领的8000名哥萨克骑兵。

拿破仑进攻俄国的计划，不切合实际，没有考虑到可能出现的偶然因素。他根本没有预见到会在俄国打一场冬季战役。他只考虑到进攻俄国时交通线要长、军粮难以在当时当地筹集这些连一般指挥官也能考虑到的问题。

拿破仑企图以其右翼包围马格拉季昂，由于拿破仑的弟弟热罗姆率领的右翼军队行动迟缓，而让巴格拉季昂溜掉了。

俄军主力避而不战，向东撤退。

拿破仑在维尔纳停留了18天，这18天的停留违背了兵贵神速的作战原则，使敌军从容撤退。

7月8日，达武的第一军到达明斯克，由于热罗姆行动迟缓，拿破仑命令达武指挥包括热罗姆的整个右翼，热罗姆一气之下回到他在卡塞尔的王国。

沙皇亚历山大命令巴克莱退往斯摩棱斯克，同时命令巴格拉季昂与巴克莱会合，并受巴克莱指挥。8月3日，两军会合。

8月16日，内伊率前卫部队赶到斯摩棱斯克对面的第聂伯河，俄军在用大块石筑成的城墙上防守。拿破仑赶到后，命令进攻，遇到俄军顽强的抵抗，然后俄军撤离了该城。

如果拿破仑认识到，法军在损失严重的情况下未能取得决定性的战果，如果继续向前推进，敌军就可能切断他的退路的话，拿破仑就不会彻底地失败了。

战争之初，拿破仑尚考虑到战线过长、粮食补给等问题。

在维尔纳停留18天的时候，士兵们就因气候不适而得了痢疾，战马由于燕麦不足改喂黑麦而成批地死亡，由于拖拉火炮的骡马不足，被迫抛弃了100门火炮和500辆弹药车。

现在法军如果从前进基地柯尼斯堡算起，已推进了480英里，如果进军莫斯科还要再向前推进240英里。

狂妄自大的拿破仑，在此时已成为战争疯子，不顾基本的军事原则，又推动他的大军向莫斯科进军。这一错误决定，是导致他失败的关键原因。

在俄国万分危急的时刻，库图佐夫从戈罗什基来到彼得堡，被选为彼得堡义勇军和莫斯科义勇军司令。

库图佐夫知道，迟早会任命自己来统帅军队的，他把自己关在房间里，彻夜研究战争形势图，想找到打败拿破仑的方法。

一天夜里，沙皇差人给他送来一封信。

亚历山大在信中任命库图佐夫为总司令。他写道："米哈伊尔·伊拉里奥诺维奇：您在军队中的崇高威望，您对祖国的真诚热爱，您屡建奇功的丰富经验，使您有权赢得这一信任。在选择您担当此重任之际，我请求上帝保佑您旗开得胜、马到成功，不负众望。亚历山大谨启。"

"这可是一只'北方老狐狸'！"拿破仑得知库图佐夫被任命时，意味深长地说。

库图佐夫在得知拿破仑的反应后，谦逊地说："我将努力向这位伟大统帅证明：他说得对！"

库图佐夫一上任，就组织了强大的后卫，阻止拿破仑的追击，并决定先打一仗看一看，而后就有了博罗季诺阻击战。

战场距莫斯科110~112千米，这里有两条斯摩棱斯克大道直通莫斯科，并有科洛恰河这道天然屏障，地形开阔，适宜骑兵大部队作战。

俄军的阵地：西起位于莫斯科河畔的马斯洛沃村，中经博罗季诺村，迄于舍瓦尔季诺村，几乎全线都得到科洛恰河的掩护。右翼有莫斯科河为屏障。左翼有舍瓦尔季诺村附近的多面堡为依托。弱点在左翼。

9月5日，法军开始攻击舍瓦尔季诺村的多面堡，激战一整天。深夜，库图佐夫命俄军撤出战斗，1.1万名俄军顶住了近3.5万名法军的进攻。

俄军损失6000人，法军的伤亡大致相同。

多面堡不在俄军的主防御系统，是前沿阵地。

9月6日无战事。

俄军的右翼构筑了坚固的工事，中央有库尔干纳西炮垒，左翼由巴格拉季昂防守，构筑了钝角垒。

博罗季诺至钝角垒之间宽2.5～3千米的左翼是法军的主攻方向。

库图佐夫将2个步兵军和炮兵留作预备队。

俄军共计12万人，其中1万人是从未参加战斗的义勇军，有7000名哥萨克骑兵和640门大炮。

拿破仑用于战场的总兵力为13.5万和587门炮，近卫军留作预备队。

拿破仑集中13.5万人中的8万人和587门大炮中的400门攻击俄军左翼中部，打算在这里突破俄军阵地，然后迂回攻击部署在中央和右翼的俄军主力。

而库图佐夫却决定在左翼只留少量部队，而将主要兵力部署在右翼。许多历史学家认为，这个决定是极其高明的，在交战过程中，库图佐夫将部队从右翼调到左翼。

库图佐夫为什么将部队部署在左翼的少、右翼的多呢？

他在9月4日给沙皇的信中也谈了左翼薄弱的问题，但他希望拿破仑从左翼进攻。库图佐夫的目的是为了什么呢？

库图佐夫是为了撤退。

左翼只有战术意义，右翼才有战略意义。

战场右翼的新斯摩棱斯克大道与左翼的旧斯摩棱斯克大道相比，前者比后者短而且路况更好，事实正是如此。当交战结束、俄军撤退时，尽管天色漆黑、部队混乱，俄军仍似四路马车纵队沿新斯摩棱斯克大道撤退，如果是旧斯摩棱斯克大道，后果将不堪设想。

更重要的是，沿新大道退守后，可以封锁两条大道的交汇点，重新封锁通往莫斯科的道路，从而获得主动。

这场战役是库图佐夫防御，拿破仑进攻。

9月7日，法军向俄军阵地发起猛烈进攻。法军首先攻占了不在阵地的博罗季诺村，这是俄军的一个前沿支撑点，俄军向科洛恰河对岸撤退，由于来不及炸毁桥梁，法军冲过了科洛恰河。

俄军调来数个猎骑兵团投入战斗，将法军逐过河去。经过一场激战，俄军终于烧了桥梁，但俄军损失了693名猎骑兵团士兵和11名水兵。

左翼的战斗更加激烈，法军向钝角垒发起全面进攻。

俄军名将巴格拉季昂防守左翼。

法军科姆潘元帅率先进攻钝角垒，科姆潘受伤，达武元帅亲率先头旅发起冲锋，突入钝角垒，但被新调来的俄军第27步兵师逐出。法国将军戴斯特和德塞身负重伤，达武的坐骑被击毙，他本人被震伤。

拿破仑又调了3个军攻钝角垒。

左翼危险。

库图佐夫从右翼和预备队中调兵支援左翼。

俄军打退了法军的4次进攻。

在钝角垒法军投入3.5万名士兵，俄军投入1.8万名士兵。

在阵地中央，法军占领了中央炮垒，把俄军第一集团军和第二集团军隔开，但又被俄军击退。

仅在10小时内，俄、法两军伤亡就达10万人。

战斗达到了白热化的程度，当法军发起第8次冲锋时，巴格拉季昂率军进行反冲锋，战斗中他受了致命伤，士兵们只得把他送回谢苗诺夫斯科耶村，法军乘机攻取了钝角垒，出现在第一集团军的侧翼。

科诺夫尼岑接替巴格拉季昂指挥第二集团军，他把部队撤过了谢苗诺夫斯基沟，又把部队组织起来。在乌季察村的图奇科夫，为了避免被敌人分割，也开始后撤。

左翼出现缺口。

库图佐夫派多赫图罗赤去指挥左翼部队。

多赫图罗赤就地组织防御，抵抗法军铁人师的进攻。

法军元帅们请求拿破仑投入近卫军，只要再发动一次猛攻，就能结束战斗，缪拉用脑袋担保他能取胜。

拿破仑投入了青年近卫军和骑兵预备队。

正在这时，在博罗季诺村以北，出现了哥萨克骑兵和俄国的正规骑兵，威胁着法军的后方，法军的左翼垮了下来，禁卫军只得停止对炮垒的进攻，转而迎击哥萨克骑兵。

由于库图佐夫及时在关键时刻使用了骑兵，使敌人陷入慌乱，为自己赢得了时间，及时把预备队调到炮垒和左翼，巩固了已陷入瘫痪的左翼。

库图佐夫没有让骑兵深入到法军的后方，待打乱了拿破仑的部署后就命令他们撤退了。

拿破仑的参谋长贝蒂耶、几名元帅以及拿破仑身边的其他人，低头商量了一阵，然后请拿破仑的亲信之一达吕，要求拿破仑把老禁卫军投入战斗。

拿破仑拒绝投入老禁卫军，他说："如果明天再交战，你说，达吕，还让谁去打仗？"这是拿破仑的一次失误，不投入老禁卫军就难以取胜，当时只奋力一击，便能全歼俄军。

博阿尔奈倾尽全部兵力，进攻拉耶夫斯基炮垒，步兵从正面进攻，骑兵从两翼进攻。

在法军的两次进攻中，俄军第 24 师的官兵几乎全部阵亡，第 26 师伤亡惨重。希尔万斯基团 1400 名士兵中，幸存者只有 92 人。

第 9 巴黎团牺牲了 1116 名士兵。科连库尔本人阵亡，库尔于纳炮垒被攻克。

第一集团军总司令巴克莱大怒，他冲入敌阵，像一个士兵一样冲杀，他已换了 4 匹马，几名副官被打死。

整个俄军的阵线开始动摇，钝角垒和炮垒已失守，博罗季诺村、谢苗诺夫斯卡亚村和乌季察村已陷敌手，巴格拉季昂已经不存。巴克莱坚持要撤退，俄军正从两翼压上来，而且主要预备队——老禁卫军尚未投入战斗。

巴克莱亲自来到指挥所，劝库图佐夫下令撤退。

库图佐夫却发出准备反攻的命令："明天进攻敌人。"他派人向所有的指挥员和部队宣布了这一命令。

法国元帅也来到指挥部，要求拿破仑投入老禁卫军战斗。

拿破仑又拒绝了。

法军停止了进攻，转入防御。深夜，他占领了库图佐夫的全部工事和阵地，他取得了战术上的胜利。但他没有投入老禁卫军发动新的进攻，他失去全歼俄军的机会。

退到新阵地的俄军做好9月8日再战的准备。

库图佐夫的侦察人员告诉他，拿破仑的军队已转入防御，他们放弃了拉耶夫斯基炮垒、钝角垒和整个博罗季诺城。

巴克莱和多赫图罗夫都认为俄军进攻是有利的。

但库图佐夫下了命令：向莫斯科撤退。

9月8日凌晨，俄军放弃阵地，实行全线撤退。

这一仗，俄军损失了4.4万人和23名将军，法军损失了4.7万人和47名将军。

锦囊妙语

无论哪一种战斗，谁都不会只进不退，谁都没有常胜不败，在战斗过程中的小胜小败，若隐若晦状态，瞬息万变，不机警不能应付，不变通无以达胜。以退为进，所争取的并非暂时得失，而是最后胜利。

和而不流的尉迟恭

《说唐》里鼎鼎大名的尉迟恭是一名英勇的将军，却不知在唐史里，也是一位以“和而不流”著称于世的君子。有一次，唐太宗李世民与吏部尚书唐俭下棋。唐俭是个直性子的人，平时不善逢迎，又好逞强，与皇帝下棋时使出自己的浑身解数，把唐太宗打了个落花流水。唐太宗心中大怒，想起他平时种种的不敬，更是无法抑制自己，立即下令贬唐俭为潭州刺史。还不解恨，又找来尉迟恭让他去唐俭家一次，听唐俭是否对自己的处理有怨言；若有，即可以此定他的死罪！尉迟恭听后，觉得太宗这种张网杀人的做法太过分，所以当第二天太宗召问他唐俭的情况时，尉迟恭只是不肯回答，反而说，陛下请你好好考虑考虑这件事，到底该怎样处理。唐太宗气极了，把手中的玉版狠狠地朝地下一摔，转身就走。尉迟恭见了，也只好退下。

唐太宗回去后，一来冷静后自觉无理，二来也是为了挽回面子，于是大开宴会；召三品以上官入席，自己则主宴并宣布道："今天请大家来，是为了表彰尉迟恭的品行。由于尉迟恭的劝谏，唐俭得以免死；我也由此免了枉杀的罪名，并加我以知过即改的品德，尉迟恭自己也免去了说假话冤屈人的罪过，得到了忠直的荣誉。尉迟恭得绸缎千匹之赐。"

唐太宗这样做，当然主要还是为了显示自己的"明正"；同时，为此他当然也感激尉迟恭。假如尉迟恭真的按他的话去做，又怎知唐太宗"明正"起来，不治罪尉迟恭呢？与朋友相处也是一样，如果是真心待人，就应该对他加以爱护，不但帮助他渡过种种难关，而且也要帮助他克服种种缺点，天长日久，朋友自然会了解你的为人和品格，包括自己的上司和同事。

锦囊妙语

朋友之间，在非原则问题上应谦和礼让，宽厚仁慈。多点糊涂。但在大是大非面前，则应保持清醒，不能一团和气。见不义不善之举应阻之正之，如力不至此，亦应做到不助之。

网络众心的刘邦

天下已定，各位功臣翘首以待，总希望能有个好结果，有的已等待不及，早就在那儿争论功劳大小了。刘邦觉得，也该到了封赏之时了。

封赏结果，文臣优于武将。那些功臣多为武将，对此颇为不服，其中尤其对萧何封侯地位最高、食邑最多最为不满。于是，他们不约而同找到刘邦对此提出质疑："臣等披坚执锐，亲临战场，多则百余战，少则数十战，九死一生，才受赏得赐。萧何并无汗马功劳，徒弄文墨，安坐议论，为何还封赏最多？"

刘邦打了个形象的比喻，说："诸位总知道打猎吧！追杀猎物，更靠猎狗，给狗下指示的是猎人。诸位攻城克敌，却与猎狗相似，萧何却能给猎狗发指示，正与猎人相当。更何况萧何是整个家族都跟我起兵，诸位跟从我的能有几个族人？所以我要重赏萧何，诸位不要再疑神疑鬼。"

众功臣私下的议论当然免不了，但毕竟与萧何无仇，对此事也就算了。

一天，刘邦在洛阳南宫边走边观望，只见一群人在宫内不远的水池边，有的坐着，有的站着，一个个都是武将打扮，在交头接耳，像是在议论什么。刘邦好生奇怪，便把张良找来问道："你知道他们在干什么？"

张良毫不迟疑地答道："这是要聚众谋反呢！"

刘邦一惊："为何要谋反？"

张良却很平静："陛下从一个布衣百姓起兵，与众将共取天下，现在所封的都是以前的老朋友和自家的亲族，所诛杀的是平生自己最恨的人，这怎么不令人望而生畏呢？今日不得受封，以后难免被杀，朝不保夕，患得患失，当然要头脑发热，聚众谋反了。"

刘邦紧张起来："那怎么办呢？"

张良想了半晌，才提出一个问题："陛下平日在众将中有没有造成过对谁最恨的印象呢？"

刘邦说："我最恨的就是雍齿。我起兵时，他无故降魏，以后又自魏降赵，再自赵降张耳。张耳投我时，才收容了他。现在灭楚不久，我又不便无故杀他，想来实在可恨。"

张良一听，立即说："好！立即把他封为侯，才可解除眼下的人心浮动。"

刘邦对张良是极端信任的，他对张良的话没有提出任何疑义，他相信张良的话是有道理的。

几天后，刘邦在南宫设酒宴招待群臣。在宴席快散时，传出诏令："封雍齿为什邡侯。"

雍齿真不敢相信自己的耳朵。当他确信无疑真有其事后，才上前拜谢。雍齿封为侯，非同小可。那些未被封侯的将吏和雍齿一样高兴，一个个都喜出望外："雍齿都能封侯，我们还有什么可顾虑？"

事情真被张良言中了，矛盾也就这么化解了。

论功封赏，这是件好事。然而，每次论功封赏都不可能面面俱到，结果总是一部分人笑逐颜开，一部分人心灰意冷，弄得不好甚至还会出现一些意想不到的副作用。本来是一件好事，到头来却没有收到好的效果。刘邦的论功封赏，的确体现了战争中以地位作用高低论功，在发现由此出现的一些矛盾后，又能以宽容为怀，化解矛盾。这种智谋既保证发挥了自己队伍中骨干的积极性，又能保证队伍的基本稳定。

锦囊妙语

《诗经》上说："百川入海，有容乃大。"意思是说，千百条河流之所以能流入大海，是因为大海有兼收并蓄的宽大胸怀。

广纳贤才的林则徐

嘉庆二十一年（公元1816年）九月，林则徐出任江西乡试副主考官，这是他第一次为朝廷选拔人才。到南昌之后，他细心审阅荐卷，公平地对待每一位考生，同时回绝了一切请托，严肃处理了抄袭舞弊行为。后来，经他选拔的人才都是"素有文誉"或"清贫绩学者"，出榜之后，时人誉之为"清榜"。三年之后，林则徐又任云南乡试正考官。由于他公正不阿，坚持选取"文理优长"的举子，对"倜诡浮薄之词概斥勿录"，云南士子因而"感悦奋发"，称赞林则徐此举是"自庄蹻启域、汉武置郡以来，未有如今日之盛也"。

道光十八年（公元1838年）十二月，林则徐受命为钦差大臣，前往广东节制水师并执行禁烟任务。禁烟是一项艰苦的任务，需要许多干练之才，然而林则徐却没有从京师的官员中选助手，而是准备随时访查、选用得力的人才。十九年（公元1839年）初，林则徐启用钦差大臣关防，辞别故人，出京南行。他刚一出京，就发出传牌，宣布此行"并无随带官员、供事书吏，惟顶马一弁、跟丁六名、厨子小夫共三名，俱系随身行走，并无前站后站之人，如有借名影射，立即拿究”。这除了表明自己清正廉洁，不肯沿途劳官扰民之外，还表达了他将在广东禁烟现场随机用人的意图。

林则徐是个有心的人，他在取道直隶、山东、安徽、江西等地时，一路不忘调查广东鸦片泛滥的情况，并悉心收罗合适人才。凡“官绅来谒者，苟有一得，皆咨询而籍之”。路过安徽舒城县时，他访知引疾告退的前六安州知州田溥，田溥于道光十五年（公元1835年）当过广东香山县知县，力主禁烟，曾于任上“缉获鸦片万数千斤”，便“特约其至此一谈”。田溥应召前来，林则徐当晚“即与共饭，谈至子刻别去”。林则徐考虑到“初次到粤，人地生疏，一切洋务、教务不得不先遣一两人密行查访”，因而他想到了自己的旧属、湖南抚标游击马辰。此人是安徽怀宁县人，一年前因家丁私受银两而未察被革职回乡。当时，林则徐也因保过马辰而获罪，受到降四级留任的处分。但是，林则徐一直认为马辰是个人才，不但“精力甚强”，而且素诸武备，废置不用十分可惜，于是不顾以前的得咎与避讳，果断决定派马辰先行，“兼程先赴海口代访夷情”，并发给他盘缠及费用。林则徐还记得，他以前在湖北查禁鸦片时，曾派过汉阳县县丞彭凤池到广东调查缉拿烟犯，此时尚未回湖北出差。他认为彭凤池也是一位“廉明勤干”之才，“且籍隶广东，于土俗方言本皆谙晓”，于是立即修书至粤，令彭凤池暂缓回湖北，继续留在广州，“就近代查鸦片根株”。

为了掌握鸦片毒品泛滥情形，在禁烟斗争中争取主动，林则徐从实际出发，用人不拘一格。为了了解外商活动内幕，他雇用了两名长期在商馆为外商做饭的厨师到自己的行辕内备办伙食，以随时询问有关事情。林则徐不懂外文，但与外商打交道非用外语人才不可，而当时懂外文者，只是参与对外贸易活动的买办、引水、通事，以及归国华侨或在外国教会学校中就读的学生，这些人职业卑微，地位很低，在官场是很被人瞧不起的。然而，林则徐却把他们视为宝贝，大胆招聘，让他们在行辕中翻译书报资料，以提供各方面信息。并要求他们对《澳门新闻报》和英商王办的《广州周报》的文章进行全面翻译。这批人中，有一位叫袁德辉，是从马来西亚槟榔屿归来的华侨，还有一位叫梁进德，澳门“马礼逊教育社”学校学生。他们都受到林则徐的重用，因而十分尽力。可以说，这是中国历史上最早组织起来专门从事外文资料翻译的人才。

锦囊妙语

政府的腐败，根子上是用人的失败与制度的落后。在用人问题上，只有打破了唯门第、唯科举、唯金钱、唯人情的腐败做法，社会才能进步。

从容不迫的荀攸

汉末荀攸、何颙预谋刺杀董卓，结果事情败露，两人都被抓。

何颙忧惧自杀了，荀攸依然很自在地说话、吃喝，并且派人去游说董卓说："太师是否曾听说高阳里中，有个英雄豪杰善于谋略？他就是荀攸。太师为何不直接杀了荀攸，并且也杀了荀彧以消灭祸患？

"臣听说：负责除草的人在除草时，将整丛的草拔除之后，一定再放火烧过，不除干净不罢休。现在荀攸已被捕，而荀彧还在外头；荀彧听说荀攸被抓，一定无法安心，更何况荀彧早就准备起来了。

"凭荀彧所拥有的声望，一身不共戴天的仇恨，随时得以运用关东的众多百姓，并纠集天下的英雄豪杰；另一方面，太师劫持天子，屠杀大臣，对不起天下百姓，天下人无不想起来报仇以快心意，臣恐怕太师从此不得安宁了。伍员到了吴国之后，楚平王为此而忧心消瘦。这虽是往事，想起来还是令人心惊胆寒。"

董卓听了很忧心地说："如此要怎么办才好？"

荀攸的使者又说："荀彧如今逃亡在外，一旦搜捕他，那么他不是向北投奔河朔一带，就是向南依靠江汉流域之间，一时难以解决因他而起的问题。太师是不是因此感到很困惑？以臣下看法，不如放了荀攸，以罗致荀彧。荀攸感激太师不杀之恩，必然会不惜牺牲自己，荀彧更不用说了。他们叔侄两人同在国中做事，原本就可以成为太师强力的左右手。

“还有，荀家历来以忠贞传家，荀家这叔侄二人又是有名的国士，一旦归服太师，天下士人百姓，必会响应他们，关东方面的军队，不必作战，即可瓦解。这就等于是齐桓公不计较管仲射中他腰带扣，释放管仲、重用管仲，成就了霸业。放下个人的仇恨，保全忠良，是大英雄的胸襟，抛弃谋士忠士，让他们为敌国效命，有智者是不会做的。太师必有妥善的抉择。”

董卓听了颇为赞同。荀攸因此得以活命，而辞官归隐。

锦囊妙语

哪怕面临杀头之灾，也要吃喝谈笑如故，不慌不忙，沉着镇定。只有这样才有想方设法说服敌人的可能，才有保全性命的可能。

成人之美的总参谋长

第二次世界大战中，作为前苏联党和国家领导人的斯大林，由于受反常的“自我尊严”的驱使，变得很难接受别人的意见，“唯我独尊”的个性使他不能允许世界上有人比他高明。莫斯科保卫战前夕，大本营总参谋长朱可夫将军曾建议“放弃基辅城”，以免遭德军的“合围”。这本来是一个很有战略眼光的建议，但斯大林听不进去，当面骂朱可夫“胡说八道”，并一怒之下把朱可夫赶出大本营。不久，基辅果然遭德军合围，守城的红军精锐部队全军覆没。等到斯大林对朱可夫说“你是对的”时已经是马后炮了。但是，一度当了苏军大本营总参谋长的华西里也夫斯基，却往往能使斯大林不知不觉采纳他的正确的作战计划，从而发挥了杰出作用。

华西里也夫斯基的进言策略很是别致。在斯大林的办公室，在斯大林与华西里也夫斯基谈天说地的“闲聊”中，华西里也夫斯基往往“不经意”地“顺便”说说军事问题，既不郑重其事，也不头头是道。可是奇妙的是，往往等他走了以后，斯大林便会想起一个好计划。过不了多久，斯大林在军事会议上陈述了这个计划。大家都惊讶斯大林的深谋远虑，纷纷称赞。斯大林自然十分高兴。再看看华西里也夫斯基本人，也与大家一样显得惊异，并且也与众人一道表示赞叹折服。这样一来，再也没有人想到这是华西里也夫斯基的主意，甚至斯大林本人也不这样想了。但是，上帝最清楚，统帅部实施的毕竟还是华西里也夫斯基的计划。

华西里也夫斯基也在军事会议上进言，但那方式方法更是令人啼笑皆非。他首先讲三条正确的意见，但口齿不清，用词不当，前后重复，没有条理，声音含混，因为他的座位通常靠近斯大林，所以只要使斯大林一个人明白他的意思就行了。接着他又画蛇添足地讲两条错误的意见。这会儿，他来了精神，条理清楚，声音洪亮，振振有词，必欲使这两条错误意见的全部荒谬性都昭然若揭才肯罢休。这往往使在场的人心惊胆战。

等到斯大林定夺时，自然首先批判华西里也夫斯基那两条错误意见。斯大林往往批判得痛快淋漓，心情舒畅。接着，斯大林逐条逐句、清晰明白地阐述他的决策。他当然完全不像华西里也夫斯基那样词不达意、含混不清。但华西里也夫斯基心里明白，斯大林正在阐述他刚刚表达的那几点意见，当然是经过加工、润色了的。不过，这时谁也不再追究斯大林的意见是从哪里来的。这样一来，华西里也夫斯基的意见也就移植到斯大林心里，变成斯大林的东西，因而得以付诸实施。事后，曾有人嘲讽华西里也夫斯基神经有毛病，是个“受虐狂”，每次不让斯大林骂一顿心里就不好受。华西里也夫斯基往往是笑而不答。只是有一次，他对过分嘲讽他的人回敬道：“我如果也像你一样聪明，一样正常，一样期望受到最高统帅的当面赞赏，那我的意见也就会像你的意见一样，被丢到茅坑里去了。我只想我的进言被采纳，我只想前线将士少流血，我只想我军打胜仗，我以为这比讨斯大林当面赞赏重要得多。”

锦囊妙语

成人之美的智慧，是一种高超的智慧。把聚光灯的光束打在他人身上，比吸引在自己身上取得的实际效果要好得多。

恩威并用的江忠源

清朝道光年间，江忠源出任浙江秀水知县。时值江浙一带发生水灾，波及秀水，江忠源不得不全力以赴办理赈灾事项。由于赈济粮款数量不多，再加上一些商人乘机抬高米价，激起了灾民的愤怒，出于无奈，灾民哄抢了几家米店和一些富户，使得地方上的社会秩序一片混乱。

为了应付这个局面，江忠源采取了恩威并施的办法。他首先采用武力，对哄抢事件进行制止，捕捉了100余名带头哄抢的要犯。为了杀一儆百，他将其中一名情节最严重者处以死刑。余者则全部关入牢中。然而他知道，要想真正煞住哄抢之风，只用强硬的手段是不行的，必须要解决百姓们的生计问题，即筹集更多的钱款，赈济灾民。然而，当地的富商大户都吝啬得很，不肯多出。于是江忠源想出了一条迫使他们多出钱的办法。

他下令把全县的绅士召集到城隍庙里，对他们说："今年水灾严重，灾民多，赈款少，希望在座诸位多出钱粮。凡是愿意多捐钱粮的，官府颁给'乐善好施'的匾额一块，还要给他披红挂彩，予以表彰；如果家有钱粮不捐，对灾民见死不救，也送给他一块匾，上面书写'为富不仁某某'，悬挂在他家大门首，并责令地保监督，不许把匾隐藏起来。"并补充说道："凡是得到'乐善好施'匾的人家，还要发给'禁抢告示'一张，可以张贴在大门外。谁敢到这家来哄抢，一律处死。"这样，就给那些富户造成了很大的压力。他们既怕落下"为富不仁"的坏名声，又害怕得不到官方的保护而遭抢劫，于是纷纷争着捐粮捐米。数日之内，就捐银达10余万两。

因为有了大批赈灾钱粮，民心很快安定下来。为了防止办事官员贪污舞弊，江忠源亲自监督赈灾钱粮的发放。这次赈灾涉及的钱粮虽然数目很大，但是没有发现一起侵吞的事件。赈务即将结束，有人主张对关在牢里的百余名哄抢犯予以严惩。江忠源反对说："这些人犯的均是斩、绞、军、流的罪名。但他们是在饥饿的驱使下才犯的法。与通常犯法不同，值得同情。我看只把他们枷杖发落就行了。”于是这些人得到了从轻处理。

锦囊妙语

要做到令出必行、指挥若定，必须保持一定的威严。这里面的道理很简单，在管理上，没有让被管理者感到畏惧的威慑力，是不容易尽责称职的。

不辱使命的沈括

公元1074年，宋与辽发生边境事端。双方派代表在代州边界上的黄平谈判。但由于辽方一再设置障碍，致使谈判不欢而散。第二年，辽方派使臣肖禧到宋京，声称：“不解决问题，誓不返辽。”宋方官员经常与肖禧通宵达旦谈判，因辽方无理纠缠，谈判毫无进展。

神宗忧心忡忡，他既不想与辽军交战，又不愿割让领土求和，最后决定派遣沈括赴辽谈判。

沈括早年对宋、辽边界作过仔细研究，这次接到出使辽国的使命后，又查阅了档案、典籍，并向有关官员进行了解，弄清辽方两次所提界至前后不一。第一次所提界至与第二次所提有争议的黄克山，相差30里。他连夜草奏，上呈神宗。神宗看了奏章，向群臣说：“以往主持谈判的大臣不究本末，贻误国事。沈括精神如是，朕无忧矣。”神宗按沈括提供的资料，亲自绘制了一张地图。

第二天，沈括携带地图到馆舍拜会辽使肖禧。沈括说：“下官受皇上的委托，奉陪阁下，贵国有何要求，请向我提出。”肖禧以十分傲慢的口气说：“宋朝违背条约，侵犯我大辽边界。我们早有照会，要求重定边界。大辽皇帝派我来东京，此事不解决，我无法回朝复命。”沈括面带微笑道："本人对边界情况略知一二。贵国在照会中所提有争议地界，较原协议向前推进30里。不知阁下这次来东京，是为解决边界争议，还是索取领土？"

肖毫无思想准备，故作镇静道："大辽只要求按原协议重定边界，对宋朝绝无领土要求。"

沈括从袖中取出地图，说："阁下声称并无领土要求，实属辽国大度。此图乃御笔绘制，请阁下过目。"

肖禧察看地图，只见山川河流无不详细，一时无言答对，只好委婉地说："既然如此，我只好及早回国向大辽皇帝报告。"

肖禧走后，大家沉浸在喜悦之中。沈括却非常忧虑，他知道辽使虽然离去，但边界争议并未解决。目前辽国大军压境，如不急速赴辽，面见辽帝，将此事圆满解决，辽方随时都可能挥师南下。他遂将自己的想法汇报给神宗，神宗深表赞同，并派沈括出使辽国。

谈判会场设在一个宽敞的帐篷内。辽方代表杨益戒宰相，是辽国手握实权的人物。他开门见山地说："辽、宋地界需要重新划定，我们大辽多次派使臣赴宋，久未见答复。此次贵使前来，希望及早商定，免得又动干戈！"

沈括从容答道："宋、辽地界早有协议，但是贵国所提黄克山为分水岭问题，文书上并没有记载，敝国不敢从命。我携带文书在此，请阁下过目。"随从人员将两国签订的文书，摆到谈判桌上，文书中明文记载："黄克山以大山脚下为界。"

杨益戒无言以对，最后用威胁的口吻说："贵国数十里之地不忍割让，难道要断绝两国友好关系吗？"沈括答道："师直为忙，曲为老。北朝弃先君之大信，以威用其民，非我朝之不利也。"杨益戒见沈括态度强硬，言词锋利，只好宣布休会。

在第二次谈判中，杨益戒见逼索土地不成，便放弃黄克山地界之事，又提出天池子之归属问题。天池子属于宋国的领地，这在宋、辽签订的协议中早已确定，但协定允许一部分辽民在天池子牧马。

沈括说："天池子乃宋国疆土，岂能更改！"

杨益戒说："辽民在此牧马，极易引起冲突，有损两国关系，请阁下三思。"

“天池子归属乃先帝所定，本朝无权更改。至于武装冲突，本朝容忍是有限的，也请贵国三思。”

双方共进行了六次会议，沈括有问必答，言词犀利。杨益戒未料到宋朝竟然有这样杰出的使臣，又听说宋朝正在边界集结军队作应战的准备，只好放弃逼索土地的要求，维持原协议所确定的边界，草草结束谈判。

沈括胜利完成了赴辽使命，返回汴梁。神宗为嘉奖沈括的功绩，任命他为翰林学士。

锦囊妙语

对现实情形了如指掌，才能轻而易举地制服前来无理取闹的对方代表。也正因为如此，在此后的谈判中，才能对答如流，使对方无空子可钻。

美国之父华盛顿

1763年，英王宣布阿巴拉契亚山脉以西的土地归英国皇家所有，禁止北美殖民地人民向西迁移，此举加剧了殖民地和英国间已有的矛盾。1765年的印花税条例又严重侵犯了殖民地议会的权力。英王的屡屡压制使华盛顿对殖民政策十分不满，但在很长一段时间内，他还对乔治三世这个被潘恩称为“大不列颠皇家畜生”的“戴着王冠的大坏蛋”抱有幻想。1773年，波士顿倾茶事件和次年英国对此采取的“强制法”更坚定了华盛顿的反英决心。他曾发誓：“我要招募1000名战士，自己出资带他们支援波士顿。”华盛顿参加了两次大陆会议，并在第二次会议上宣誓就任新成立的大陆军总司令。在接受任命时，华盛顿声明：除付给他的一些因公支出的费用外，他不接受总司令之职的任何薪俸。

美国的独立战争是在双方都缺乏热情下进行的。英国军官不愿帮助他们的海外兄弟。美国方面也只有极少数人愿为此作出牺牲。因此，华盛顿面对的真正敌人不是腐朽和金玉其外的英军，而是大陆军内部的消极情绪。他在试图整编新组建的大陆军时写道："……这样缺乏公益心和道德心，使尽一切卑劣手段谋取利益，是我前所未见的。"历史上很多将军遇到这种情况时，都自动交出指挥刀，放弃整个事业，然而华盛顿在逆境中却以坚忍的毅力克服了困难。

战争一开始，大陆军的装备、训练、士兵素质立刻相形见绌。1776 年 7 月，英军攻打纽约。大陆会议命令华盛顿带兵保卫纽约。华盛顿在比英军先到一步、以逸待劳的情况下，输给了威廉·豪。几天内，大陆军损失 3000 多人，着装威武、傲气十足的英军以压倒一切的气势企图一举消灭大陆军。华盛顿知道，如果继续战斗，大陆军必然全军覆没，于是他策划了一次非凡的撤退。这次撤退要几千军队带走所有武器弹药，从近在咫尺的胜利的敌军面前悄然离去。这是一项需周密计划的撤退。华盛顿首先安排好接应船只，然后他要求已经精疲力竭的士兵做好夜袭准备，并命令下属米夫林带 3 个团的残部照常设岗、警戒，等主力登船后，这 3 个团再撤。令人惊心动魄的是，在华盛顿及副官催促在途中的部队加快步伐时，这位副官命令米夫林的 3 个团也撤下来。当时渡口船只少，又逆风，部队有些乱，华盛顿看见米夫林撤下来，立刻喊道："天哪，您要把我们都毁了。"米夫林了解了真相，又回到防线。大雾的降临使英军并未发现大陆军阵地上已有近一个小时无人防守。最后米夫林和华盛顿乘最后一条船离开长岛。这次在天意相协下的撤退使华盛顿声名大振。

此役后，大陆军人数由 3 万多骤减至 5000 人。到 1776 年 12 月，大陆军只有不足 3000 人，虽然华盛顿突袭黑森雇佣军，打破了英军在冬季消灭大陆军的计划，但败绩频频落在他的头上。1777 年冬季，华盛顿以超人的自制力和坚毅的精神，带领士兵在缺粮、少衣、无俸禄的情况下，不放松训练，甚至在谣传要撤销他总司令职务时，他也毫不动摇。经过严酷的考验和严格的训练，华盛顿把松散的军队变成了一支精锐部队。士兵们对他十分信任。当波茨看到华盛顿在福吉谷天使般平静的祈祷后，他预言："如果华盛顿不是上帝派来的人，就算我毫无眼力；如果上帝不是打算经过他的手来拯救美国，就算我瞎了眼睛。"

华盛顿以他高尚的人格与品德赢得了大陆会议的高度信任。因此，在独立战争的危急时刻，为确保战争的胜利，大陆会议决定授予他相当独断的军权，并在给他的信中写道："把无限的权力交给我们国家军队的统帅是万无一失的，他绝不会因此而危及他人的安全、自由和财产，这实在是我国人民的一大幸事。"为了感激大陆会议对自己的信任，华盛顿在答谢信中也充分表现出他的高贵品质："承蒙大陆会议把军事职责最高的和几乎无限的权力授予我，为此我深感荣幸。我绝不认为，由于大陆会议信任我，我就可以不履行一切公民义务。相反，我要时刻牢记：由于刀剑只是维护我们自由权利不得已的手段，一旦自由权利牢牢确立，首先丢在一边的就是刀剑。"

在长期的战争中，他除了明智英勇地抗击英军外，还积极有力地挫败了内部的反叛、分裂和其他无数困难。约克敦战役的胜利奠定了美国独立的基础。随着战争的一步步胜利，独立迫在眉睫。但是，新的问题却又摆在华盛顿和人们的面前。当时的中央政府无权向各州征税，中央政府靠各州摊派所得运转。随着战争的胜利，各州政府对大陆会议的要求反应冷淡，军队的薪饷也被拖欠。军人开始担心和平一旦来到，自己的生活没有保障。此刻人们希望有一个独揽大权的人物来接管政府。在人们眼里，华盛顿就是这样一个人。军中也有这样的思想，甚至有军官上书要求他做皇帝。但是华盛顿并不想当皇帝，他追求的是得到广大人民的尊敬，并使自己永垂青史。他是一个视荣誉重于生命本身的人，有着强烈的共和思想。为消除人们对他的疑虑，他在向大陆会议索要独立自主的权利的同时多次重申，一旦战争结束，他将解甲归田，化剑为犁。他不愿为了一顶金灿灿的皇冠、为了个人的野心而使美国在刚刚摆脱英国的殖民统治后又重新陷入内战之中。和平终于来临了。1783 年 3 月下旬，英美签署和平协议。4 月 19 日战争结束，独立战争整整进行了 8 年。战争结束了，他奉还军职的时候到了，1783 年 12 月 23 日下午 2 点，安丽波利斯的大陆会议厅座无虚席，鸦雀无声。人们静静地等待着他们所崇敬的人到来。寂静中，华盛顿出场了。面对着代表国家的议员，他高大的身躯徐徐落下，幅度远远超出众人的想象，代表们无不隐隐动容。他用自己的身体语言对这个新诞生的国家理念作出最彻底最清晰的解释：总司令只是武装力量的代表，而议员才是国家最高权力的代表。无论如何，军队都只能向着"国家"表示尊敬和服从。

在仪式上，华盛顿用一种庄严、感人的方式发表了一篇简短的讲话："使我辞职的伟大事业终于发生了，我现在有幸向大陆会议致以真诚的祝贺，并要求他们收回对我的信任，允许我不再为国家服务……长期以来，我一直是按照这个庄严的机构的命令行事的。在向这个庄严的机构亲切告别之际，我在这里交出我的任职令，并结束公职生活中的一切工作。"他昔日的下属、现任国会议长答道："您在这块土地上捍卫了自由的理念，为受伤害和被压迫的人树立了典范。您将带着全体同胞的祝福退出这个伟大的舞台，但是您的道德力量并没随您的军职一起消失，它将永远激励子孙后代。"人们热泪盈眶纷纷与他拥抱，最后为了不使自己过于激动，他一句话也没有说，泪流满面地径直离去。

锦囊妙语

真正的圣人最终会修炼到无我的状态，真正的大者最终会演化为混沌的状态！人之圣，其名奄奄乎成其道；天之大，其形浩浩乎成其理。能够容天下的人正是有能力创造天下的人。

宽容大度的萧道成

萧道成是南兰陵（今江苏常州西北）人，是南齐的开朝皇帝。在当皇帝以前，萧道成是刘宋朝的一员大将，由于屡立战功，地位也越来越高。宋明帝泰始年间（公元465～471年），萧道成官至督南兖州、徐州二州诸军事，南兖州刺史、持节，右军将军，都督北讨前锋诸军等职。泰始五年（公元469年），萧道成又在原职基础上进而督兖州、青州、冀州三州军事，权力越来越大。

当时，萧道成正镇守淮阴（今江苏清江西南），民间纷纷传言："萧道成当为天子。"又有人对宋明帝说，萧道成具有贵人之相，宋明帝本来迷信，听到这些话，又看到萧道成权力越来越大，便对他越来越不放心，萧道成也察觉到了明帝对自己的怀疑，便加紧营构自己的势力，以防不测。在萧道成的北面，是青州（今山东益都），王玄邈任刺史。萧道成为使自己将来有个退路，便给王玄邈写信，与他结交。

王玄邈是刘宋名将王玄谟的弟弟，史称他有士君子之风。他看到萧道成的信，知道他的意图，然而他身为宋将，不愿背叛。他的长史房叔安也劝他说："我听说布衣韦带之士，吃人一顿饭都不忘其恩，这才是义士。如今将军身当州镇重任，与朝廷有君臣之义，如果无缘无故弃掉忠孝之义，那么青州士人宁愿跳入东海而死，也不会跟随将军。"房叔安的一番话，更坚定了王玄邈的信心，他便派房叔安回首都建康（今江苏南京），向朝廷报告了萧道成的意图。

萧道成给王玄邈写信后，许久不见他的回信，心中不免着急。这一天，手下的兵士抓到一个从青州方面来的使者，萧道成一问，知道是王玄邈派往京师的房叔安。萧道成向他要王玄邈给朝廷的信，房叔安说："这信是我们将军给朝廷的，不是给您的。并且我所要说的话，只对国家有利，不利于您，请您也不要多问。"手下的人劝萧道成杀掉房叔安，萧道成说："杀之于我们更不利，何况人各为其主，房叔安无可指责。"说完便将房叔安放了。后来，王玄邈离开青州回京，途经淮阴，萧道成令人在途中等候他，邀请他到府中叙谈，王玄邈假意答应，但经过淮阴时，根本没有下车，而是在卫兵的护卫下驱车而过，回到京城后，也向明帝报告说萧道成有异谋。

后来，萧道成沉着应付，打消了宋明帝的疑心，度过了危机。但萧道成丝毫也不怨恨王玄邈，反而爱慕他的忠诚。宋明帝死后，萧道成在朝中的地位越来越高，宋顺帝昇明年间（公元 477 ~ 479 年），萧道成成为辅政大臣，皇帝成了他手中的傀儡，王玄邈没料到事情的发展会出现这样的结果，非常害怕萧道成会加害于他。萧道成对王玄邈的态度还和当初一样，还提拔他做骠骑司马、泰山太守。后来，又让他做西戎校尉，梁州、南秦州二州刺史，并封其为河阳县侯。不但如此，王玄邈的兄弟们也被封为高官。这使王玄邈非常感动，从此一心一意效忠于萧道成。

公元 479 年，萧道成正式取代了宋顺帝的帝位，建立南齐。不久，梁州人李乌奴起兵作乱，王玄邈来不及调兵征讨，便带七八百人仓促应战，被打败。王玄邈觉得硬拼不成，便派人假装投降，对李乌奴说："王玄邈兵众老弱，已经丢下伎妾，携家人逃出城去。”李乌奴大喜，率轻兵进入州城，结果，被王玄邈的伏兵击破。李乌奴败走，梁州得以保全。萧道成知道后高兴地说：“玄邈果然没有辜负我的知遇之心。”

锦囊妙语

管理者必须能够宽容，因为他的存在价值和水平是靠调动众多人的行动而实现的，若无宽容精神，便不能做到。宽容是一种心胸，一种气度，一种用人的远见。

胸襟开阔的格兰特

美国南北战争时，北军格兰特将军和南军李将军率部交锋，经过一番空前激烈的血战后，南军一败涂地，溃不成军，李将军还被送到爱浦麦特城去受审，签订降约。

格兰特将军立了大功后，并没有骄奢放肆、目中无人。他是一个胸襟开阔、头脑清晰的大人物，他绝不会做出这种丧失理智的行为来。

他很谦恭地说：“李将军是一位值得我们敬佩的人物。他虽然战败被擒，但态度仍旧镇定异常。像我这种矮个子，和他那6尺（1尺约合0.33米）高的身材比较起来，真有些相形见绌。他仍是穿着全新的、完整的军服，腰间佩着政府奖赐他的名贵宝剑；而我却只穿了一套普通士兵穿的服装，只是衣服上比士兵多了一条代表中将官衔的条纹罢了。”

这一番谦虚的话听在人家耳里，远比数次的自吹自擂好得多。唯有对自己的成就发生疑问的人，才爱在人家面前吹牛，以掩饰那些令人怀疑的地方。一个真正成功的人，是不必自我吹嘘、自我炫耀的，因为你的成绩、你的成功，别人会比你看得更清楚，而且会记在心上。

也许有人以为格兰特将军的自谦固然值得赞美，而李将军以败将的身份，居然也昂首挺胸、衣冠整齐，似乎有些许骄傲呢？其实不然，李将军虽然战败，但仍能坦然忍受耻辱，这正是他勇敢坚毅的地方。他这样做，是表示他把失败当做一种经验，而非一种耻辱，如果能再给他一次机会的话，他仍能挺身奋战、争取光荣。所以他也可以说是不失为一位伟大军人的风度。他之所以与格兰特持相反的态度，并非不肯谦虚，实在是由于两人所处的环境不同。

格兰特将军不但赞美了李将军的态度，而且也没有轻视他的战绩。他认为自己的成功和李将军的失败，都是偶然的机会造成的。他说："这次胜负是由极凑巧的环境决定的，当时敌方军队在维吉尼亚，几乎天天遇到阴雨天气，害得他们不得不陷在泥淖中作战。相反的，我们军队所到之处，几乎每天都是好天气，行军异常方便，而且有许多地方往往是在我军离开一两天后便下起雨来，这不是幸运是什么呢?"

格兰特将军把一场决定最后命运的大胜利，归功于天气与命运，这正表示他有充分的自知之明，始终没有让理智被名利的欲念所埋没。曾经有人说："愈是不喜欢接受别人赞誉的人，愈是表示他知道自己的成功是微不足道的。"

锦囊妙语

实际上，我们99%的成功都是有机运的成分夹杂在里边的，我们应该看清楚这些机运的所在，并准备在将来如有同样事情发生、又缺乏这些机运时，知道怎样应付。

一心为国的吕蒙正

神话故事中，"火眼金睛"大显身手，而在真实的世间是不存在的，但在历史和现实中，像"金睛火眼"那样善识人者，却是大有人在。北宋的吕蒙正便是其中的一位。

吕蒙正是太平兴国二年（公元977年）进士第一名，因而颇受宋太宗的赏识与重用，他从通判升州（今河南唐河县西南）到任中书侍郎兼户部尚书、同中书门下平章事、监修国史，成为宰相，仅用了12年时间，当时也不过42岁。宋朝开国元老、宰相赵普对吕蒙正大力提携、扶植，称赞他负有众望。

吕蒙正遇事敢于讲真话。有一次，宋太宗元宵灯节晚上设宴，吕蒙正侍宴。宋太宗对他说："五代之际，生灵涂炭，周太祖从鄴（今河北临漳县西南坪镇）率军南归，百姓惨遭劫掠。看到这些，人们都感到十分恐惧。纷纷说天下不会再有太平之日了。朕亲自处理政务，使万事和谐，常常感念这是上天的赐福，现在国家繁荣，才知道治乱全在于人。"

宋太宗的这番自吹自擂，很想得到大臣们的应和，可是吕蒙正却站起来说："天子所在的京城，各种人都聚集在这里，所以才显得十分繁荣，臣曾看到京城外距城不到几里的地方，就有许多人因冻饿而死去。天下还没有像陛下说的那样繁荣。愿陛下放远目光，那么天下百姓幸甚。"本来颇为自得的宋太宗，听了这番话，脸色变得很难看，不再说话。吕蒙正一脸正气，回到座位上，大家称赞他说得直率而真实。

吕蒙正学识丰富，历侍太宗、真宗两朝，为人正直宽厚，直言敢谏，独具识人的一双慧眼。只要他看准的人，事实证明他的判断都是对的。

宋太宗曾打算派人出使朔方，让宰相物色既有才干又能担此重任的人。吕蒙正向宋太宗推荐了一个人，宋太宗不同意。过了些天，宋太宗再三询问使臣人选问题，吕蒙正仍然推荐那一个人。宋太宗颇为不悦，对吕蒙正说："你怎么这样固执？"吕蒙正说："不是臣固执，而是陛下没有体谅到臣的良苦用心。这个人可以为使臣，其他的人都比不上他。臣不想为讨好迎合皇上，而贻害国家。"君臣的态度都很激动，群臣大气不敢出。最后，宋太宗采纳了吕蒙正的意见，派他推荐的人去出使朔方。事实证明，吕蒙正推荐的那个人的确富有才干，很好地完成了使命。

吕蒙正识人、荐人，是不论亲疏远近的。景德二年（公元1005年），吕蒙正告老还乡，回到洛阳，颐养天年。大中祥符年间，宋真宗东封泰山，西把洮阴，祭拜宋太宗赵光义的永熙陵。经过洛阳时，两次到吕蒙正家中看望。宋真宗想寻找一些人才，便问吕蒙正："你的这几个儿子中，谁可以担当重任，能有大用？"吕蒙正回答说："臣的这几个儿子都不中用。但臣有个侄子，叫吕夷简，现在在颍州（今安徽阜阳县）任推官。他具有宰相之才，可有大用。”宋真宗记住了吕夷简这个名字。后来，吕夷简果然成为宋代的一位名相。

如果说吕蒙正推荐使臣、推荐侄子都因为对他们有较深的了解，那么吕蒙正一眼即看出十几岁的小孩子日后将会像他一样，位居宰相，就是一件奇事了。当时有个叫富言的人同吕蒙正有来往。有一天，富言对吕蒙正说：“我的儿子已经十几岁了，我想让他进书院读书。”吕蒙正答应了，并让富言把儿子带来让他看看。吕蒙正一见富言的儿子，便吃惊地对富言说：“这孩子将来的名位会和我一样，其功勋会远远超过我。”于是吕蒙正让富言的儿子与自己的几个儿子一起读书，富言的儿子叫富弼。富弼后来曾两次任相，也成为宋代的一位名相。

锦囊妙语

管理不仅要善于识人，而且应当出以公心，仗义执言，在推荐人才时，举荐那些真正的人才。

坚忍锦囊

终登相位的范雎

范雎，战国时期政治舞台上一位十分著名的政治家、外交家，而他走上政治舞台却是历经坎坷。

他原是魏国人，早年有意效力于魏王，由于出身贫贱，无缘直达魏王，便投靠在中大夫须贾的门下。

有一年，他随须贾出使齐国，齐襄王知范雎之贤，馈以重金及牛酒等物，范雎没有接受。须贾得知此事后，以为范雎一定向齐国泄露了魏国的秘密，非常生气，回国以后，便将此事报告了魏的相国魏齐。魏齐不问青红皂白，令人将范雎一阵毒打，直打得范雎肋断齿落，范雎装死，被用破席卷裹，丢弃在茅厕中。须贾目睹了这一幕，却不置一词，还随同那些醉酒的宾客一起至厕中，往范雎的身上撒尿。

范雎待众人走后，从破席中伸出头对看守茅厕的人说："公公若能将我救出，我以后定当重谢公公。"守厕人便去请求魏齐，请求允许他将厕中的尸体运出。喝得醉醺醺的魏齐答应了，范雎算是逃出了一条活命。

范雎历经千辛万苦，来到了秦国都城咸阳，并改名换姓为张禄。此时的秦国正是秦昭王当政，而实际上控制大权的却是秦昭王之母宣太后以及宣太后之弟穰候、华阳君和她的另外两个儿子径阳君、高陵君。这些人以权谋私，内政外交政策多有失误，秦昭王完全被蒙在鼓里，形同傀儡。

但范雎看出，在当时列国纷争的大舞台上，秦国是最具实力的国家，秦昭王也不是一个无所作为的国君，他更相信，在这里，他的抱负一定能够得以施展，于是几经周折，他终于见到了秦昭王。他以其出色的辩才，向秦昭王指出泰国政策的失误，他本人的孤立无权的地位，并提出了自己内政外交等一系列主张。

秦昭王悚然而惊，立即采取果断措施，废太后，驱逐穰候、高陵、华阳、泾阳四人于关外，将大权收归己有，并拜范雎为相。

范雎所提出的外交政策，便是闻名于后世的“远交近攻”，而他所要进攻的第一个目标，便是他的故国魏国。

魏国大恐，派出了使臣来向秦国求和，这个使臣便是范雎原来的主人须贾。不过，须贾只知道秦的相国叫张禄，而不知就是范雎，他还以为范雎早已死了哩。

范雎得知须贾到来，便换了一身破旧衣服，也不带随从，独自一人来到须贾的住处。须贾一见大惊，问道：“范叔别来还好吗？”范雎道：“勉强活着吧！”须贾又问：“范叔想游说于秦国吗？”范雎道：“没有。我自得罪魏的相国以后，逃亡至此，哪里还敢游说。”须贾问：“你现在干什么呢？”范雎道：“给别人帮工。”须贾不由得起了一丝怜悯之情，便留下范雎吃饭，说道：“没想到范叔贫寒至此！”同时送给他一件丝袍。

席间，须贾问：“秦的相国张君，你认识吗？我听说如今天下之事，皆取决于这位张相国，我此行的成败也取决于他，你有什么朋友与这位相国认识吗？”范雎道：“我的主人同他很熟，我倒也见过他，我可以设法让你见到相国。”须贾说：“我的马病了，车轴也断了，没有大车驷马，我可是不能出门。”范雎说：“我可以向我家主人借一辆车。”

第二天，范雎赶来一辆驷马大车，并亲自当驭手，将须贾送往相国府。进入相府时，所有的人都避开，须贾觉得十分奇怪。到了相府大堂前，范雎说：“你等一下，我先进去替你通报一声。”

须贾在门外等了好久，也不见有人出来，便向守门人问道：“这位范先生怎么这么半天也不出来？”守门人说：“没有什么范先生。”须贾说：“就是刚才拉我进来的那个人呀！”守门人说：“那是张相国。”

须贾大惊失色，明白自己上当了，于是脱衣袒背，一副罪人的打扮，请守门人带他进去请罪。范雎雄踞堂上，身旁侍从如云。须贾膝行至范雎座前，叩头道："小人没能料到大人能置身于如此的高位，小人从此再也不敢称自己是读书有识之士，再也不敢与闻天下之事。小人有必死之罪，请将我放逐到荒远之地，是死是活都由大人安排！"范雎问："你有几罪？"须贾说："小人之罪多于小人之发。"范雎道："你有三大罪：我生于魏，长于魏，至今祖先坟茔还在魏，我心向魏国，而你却诬我心向齐国，并诬告于魏齐，这是你的第一大罪。当魏齐在厕中羞辱我时，你不加阻止，这是你的第二大罪。不只如此，你还乘醉向我身上撒尿，这是你的第三大罪。我今天之所以不处死你，是因为你昨天送了我一件丝袍，看来你还没忘旧情，我可以放你回去，不过你替我转告魏王，赶快将魏齐的脑袋送来！要不然，我就要发兵血洗魏都大梁城！"

此时的秦国，威行天下，无人敢与争锋；此时的范雎，位高权重，言出令随。魏齐吓得仓皇出逃，可赵、楚等国畏于秦国的兵威，谁也不敢收留他，魏齐终于被迫自杀。

锦囊妙语

常言说得好，不经历风雨不能见彩虹，没有人能轻轻松松成功，但关键是要把这风雨变为自己前进的动力才行。

卧薪尝胆的勾践

公元前494年，吴王夫差为了报越国的杀父之仇，遂兴兵伐越，梅山一战，吴军大获全胜，越国几乎是全军覆没。面临着国破家亡的绝境，越王勾践与大臣文种、范蠡经过一番谋划之后，决定亲自携妻子到吴国为人质，臣事夫差。

夫差不顾大臣伍子胥的反对，接受勾践的请求，就在死于越国之手的先父阖闾的墓旁，建了一所简陋的石头房子，将勾践夫妇贬居其中，并命他们去掉衣冠、蓬头垢面，身着奴隶的服装，替他养马。每当夫差出游之时，勾践还得执着马鞭步行在一旁服侍，吴国百姓对他指指点点地议论道：“这个人便是原来的越国之君啊！”勾践只是忍辱含垢，低首无言。平时勾践还得砍柴汲水，夫人做饭洗衣，这一对国君夫妇，俨然奴隶一般。

为了不致引起夫差的猜忌以招来不测之祸，勾践还不得不想方设法谄颜媚态去巴结夫差。一次夫差病了，勾践请求入宫问疾探病。其时夫差正要腹泻，便令勾践暂避一下。勾践道：“贱臣过去曾从师学医，能观人粪便，便知病情的轻重。”

待夫差泻毕，侍从将便桶抬出室外，勾践跟了出来，揭开桶盖，伸手取了一块大便，跪下来放在口中细细品尝，在场的人无不掩鼻皱眉。勾践品尝之后却面有喜色，入室向夫差祝贺道：“贱臣拜贺大王，大王的病不日当可痊愈了！”

夫差问：“你怎么知道？”

勾践说：“贱臣曾听医师说，粪者，谷味也，体健其味重，体病其味轻。贱臣尝大王之粪，其味既酸且苦，因此知之。”

夫差听后，大为感动，叹道：“我的大臣、我的太子都不能这样做，勾践才是真正爱我的呀！”

于是，他决定释放勾践夫妇回国。

勾践回国以后，发愤图强，经过十年生聚、十年教训，国力大振。公元前475年，勾践倾全国之力，进攻吴国。夫差大败，请求世世代代为越国附庸，勾践不允，迫使夫差自杀。

锦囊妙语

那种达则意气凌人、穷则灰心绝望的人，十个有十个会在权力斗争的风波中被淘汰；只有那种处变不惊、善于忍耐的人，才有可能获得最后的胜利。

忍屈为伸的韩信

汉初的淮阴侯韩信是一位叱咤风云的战将，为汉王朝的建立立下了赫赫战功。虽然最后被吕后诛灭，但终究是一位盖世英豪。就是这位叱咤风云的盖世英豪，在早年的处世生涯中却忍受了不少奇耻大辱。韩信本是淮阴人，出身贫寒，既不能被推举做官吏，又不会从事生产或做生意赚钱，所以，常常到熟人家里去混饭吃，这些人家都不喜欢他。

他曾经多次投靠在邻乡的一个亭长家里求食，一连几个月。亭长的妻子很讨厌他，于是很早就起床做饭吃了，等韩信到吃饭的时间去时，已没有饭了。韩信当然知道是怎么回事，从此便再也不去亭长家了。

韩信到淮阴城的河边去钓鱼，有几位老大娘在那里漂洗丝绵。其中有一位老大娘见韩信到了吃饭时间还坐在河边，一副饥肠辘辘的样子，知道他没有饭吃，便把自己带来的饭分给他吃。此后一连数十天都是如此。韩信非常感动，向老大娘道谢说：

“我将来一定加倍报答您！”

老大娘却生气地说：

“谁稀罕你的报答呢？一个堂堂男子汉却养不活自己，我是看你可怜才给你饭吃！”

当时，淮阴城有个年轻屠户很看不起韩信，他轻蔑地对韩信说：“别看你身材高大，又喜欢带刀佩剑，其实你是个胆小鬼！”

韩信不予答理。那年轻屠户又当众侮辱他说：“怎么你不吭声呢？难道你不承认吗？那好，如果你不是胆小鬼，就刺我一刀；要是你不敢刺我，那就承认你是胆小鬼，从我的胯下爬过去吧！”

韩信把那年轻屠户看了好一会儿，又想了一想，居然真的低头俯身从他的胯下爬了过去。那人哈哈大笑，满街的人也都嘲笑韩信，认为他胆小怕事。

后来，项梁率兵起义，韩信拔剑从军，但一直没有什么名气。项梁兵败后，韩信又跟随项羽的部队，也只做到郎中官位，他多次向项羽献策都没有得到采纳。当汉王刘邦率兵进入蜀地时，韩信从楚军中逃山来投奔了汉军。开始仍然没有得到重用，只做了一个管理粮仓的小官。后来终于得到萧何的赏识，被萧何全力保举给刘邦做了大将，从此一举成名，为刘邦打下了半壁江山。

垓下会战刘邦彻底打败了项羽后，封韩信为楚王；韩信到达封地，找到当年曾分给他饭吃的那位老大娘，赏给黄金1000两作为报答。又找到那位亭长，只赏给他100钱，对他说："你是个小人，做好事有始无终。"最后，他招来那位曾让他受到胯下之辱的屠户，不但不杀他，反而还任命他为楚国中尉，并对将领们说：

"他是一个壮士。当时他侮辱我时，我难道真的不敢杀他吗？不是的。但我杀了他就不能成名，不能实现自己的抱负了，所以我忍辱而达到了现在的境地。我真该谢谢他啊，他磨炼了我的意志！"

锦囊妙语

能屈能伸，即在不得志时能承受屈辱、克制忍耐，在得志时能施展抱负。这种智慧的功夫在一个"忍"字。只有忍辱才能负重，只有忍才能屈，只有屈才能伸。

耐心请教的安塞尔

安塞尔作为铅管和暖气材料的推销商，他很想跟一位业务量大、信誉好的铅管商合作。可是那位铅管商以粗鲁、无礼和刻薄而著称，使安塞尔吃尽了苦头。每当安塞尔打开他办公室的门准备进去时，他便粗暴地吼道："你赶快走开，不要浪费我的时间！"

安塞尔毫不气馁，打算换一种方式，而正是这种方式使他们在生意上建立了长期的伙伴关系，并且成为好朋友。

安塞尔采取的步骤是这样的：

安塞尔公司正在商谈在皇后新社区购一家公司，碰巧那位铅管商对那一带十分熟悉，并且有许多主顾。安塞尔决定利用这次机会。他去拜访时说："请别急，先生。我今天不是来推销产品的，而是真诚地向你请教。不知你能否抽出一点时间?"

"我们公司想在皇后新社区设立一家公司，"安塞尔说，"你对那里的情况太熟悉了，比常住那里的人还清楚，因此我请你帮个忙。"

那位铅管商竟出奇地客气起来，连忙让座："请坐请坐。"在接下来的1小时中，他不厌其烦地解说那里的特性和优点，并且劝告安塞尔不要在那里设分公司，还讲解了经销商拓宽业务的方法。通过那次交谈，双方建立了坚固的业务合作基础。安塞尔就是通过请对方帮个小忙，使他有了一种"我是重量级人物"的感觉，结果从以前经常吼骂自己的家伙那里获得了可观的订单。

这就是恰到好处地刻意设置一个请对方帮自己一个忙的机会的神奇效果。

锦囊妙语

我们在与人相处过程中，有时不愿降低自己，但可以通过抬举别人和尊重别人的办法而获得别人的善意、善言和善行，从而让他们高高兴兴地为自己服务。

一心东渡的鉴真和尚

鉴真，俗姓淳于，公元688年出生于扬州江阳县，14岁在扬州大云寺出家为沙弥。青年时，他托钵远游，曾在洛阳、长安的寺院里，从名师攻读佛教经典。他在佛学上造诣很深，尤其对佛教的律宗和天台宗有深入的研究。从26岁起，他就在扬州大明寺讲经布道，传授戒律。据《唐大和上东征传》记载，在唐开元天宝年间，“淮南江北持净戒者，唯大和尚独秀无伦，道俗归心，仰为受戒大师。”在他座下，名徒辈出。

唐帝国是当时亚洲的政治、经济和文化中心。位于长江和大运河之交的扬州，不仅是中国南北交通的要冲，也是中外经济文化交流的枢纽。鉴真所处的时代和环境，使他具有丰富的国际知识和远大的眼光。在他看来，向外宏布佛法，是一个佛教虔诚信徒的应尽义务。而包括日本在内的东亚各地的佛教僧侣，也知道鉴真和尚是“郁为一方宗首”的著名高僧。

大化革新前后，日本在经济上、政治上、文化上，都迫切需要向中国学习。七世纪以来，一次又一次地派出遣隋使和遣唐使，基本上都是抱着学习交流的目的而来的。学习中国的佛法，是使团的任务之一。天皇政权，出于它维护封建统治的要求，大力兴建寺院，推广佛教。而佛教的传播，又是日本吸收外国文化，特别是吸收中国文化的重要渠道。八世纪上半期，佛教传入日本已有近200年的历史，僧侣人数，也日益增多。但是，由于僧尼应该遵守的清规戒律尚未制订，佛教徒中存在的放任自流状态，已成为日本佛教发展过程中的重大问题。公元733年，日本政府派遣的第9次遣唐使中，有几个留学僧。其中的荣睿、普照，就是奉敕入唐，寻访精通戒律的高僧东渡传戒的。

荣睿、普照跑遍唐朝的东西两京，访师问道。公元742年，他俩赶来扬州求见鉴真。为了发展祖国的佛教文化，邀请名师传经讲道的两个日本僧侣，与决心献出余生东渡传法的55岁的鉴真的会见，是中日文化交流史上壮丽的一幕。会见中，随侍鉴真的，有30多个及门弟子。荣睿对鉴真说，“佛法东流至日本国，虽有其法，而无传法人。”他吁请鉴真派弟子“东游兴化”。鉴真深感中日两国，虽“山川异域”，而“风月一天”。他下定决心，东渡传法。他问众弟子，谁愿去日传法？弟子们的回答是沉默。弟子祥彦表白说：“彼国太远，生命难存，沧海淼漫，百无一至。人生难得，中国难生，进修未备，道果未到。是故众僧咸默无对而已。”可是，这位高僧却坚决地说：“为是法事也，何惜生命？诸人不去，我即去耳。”在鉴真的决心的感召下，21个弟子决定跟他同到日本去。

为了实现壮志宏愿，不惜牺牲个人的一切，始终坚持百折不挠的精神，鉴真就是这样的人。他在东渡传法中，碰到重重的阻碍、磨难和挫折。唐朝的官府为难他，鉴真的子弟和扬州寺院的僧侣劝阻他，鉴真并不理会这些阻难。可是，在当时的交通条件下，去日本途中，风急浪高，海道艰险。从公元742年以后的七八年中，鉴真一行先后东渡5次，结果都失败了。一次，他们的乘船被恶风猛浪击破，又一次，险礁撞沉了他们的船只。第5次(748年)，61岁的鉴真一行35人，乘船出海，遇暴风把船只吹到南海，在海南岛西南端登陆。在此后的3年时间里，鉴真一行，从海南经广东、广西、江西，循长江而下经南京回到扬州。长途跋涉的困顿，炎热蒸闷的气候，不断折磨这一群僧侣。鉴真的弟子祥彦和日本僧人荣睿，在旅途中因病去世。鉴真也因暑毒入眼，双目罹疾，终至失明。公元753年，日本遣唐大使归国。归国前他面谒鉴真，邀请赴日传法。鉴真欣然允诺，率领随侍弟子僧侣等共24人，作第6次越海赴日的壮行。公元754年2月，他们到达了日本首都奈良，受到日本朝野的盛大欢迎。当时鉴真双目失明，年已67岁。

鉴真在日本11年，他和他的弟子法进、思托、如宝、昙静、义静等，做了大量的影响深远的工作。他设坛授戒，讲学传经，座下弟子，常满3000人。他是日本佛教律宗的开创人，对日本天台宗的兴起，也给予直接的影响。他为日本僧侣确立戒律的律仪。日本奉鉴真为律宗第一代祖，法进、如宝为第二、第三代祖。日本天台宗的创始人，著名的佛教大师最澄，在入唐学习前，曾受教于鉴真及其弟子。在日本，上至天皇，下及僧俗佛教信徒，敬礼鉴真，从未稍衰。在当时，他成为日本佛教徒的组织者和导师。

鉴真在日初住东大寺，5年后，在鉴真及其弟子主持下，新建唐招提寺。由鉴真弟子如宝、思托、法进、昙静等亲自设计的唐招提寺，其规制取法当时中国佛教寺院。它庄严大方，雄伟壮观，在日本建筑史上别开新貌，对日本佛教建筑艺术产生巨大影响。唐招提寺内的金堂和当时塑造的许多佛像，迄今尚存。这些佛像形态上的厚实、稳重，庄严、丰满，制作方法上的干漆法，成为日本一代雕塑艺术的巨大成就。寺内的鉴真和尚座像，是思托创制的。从座像魁梧的身材、端正大方的仪容、开阔的额门、清秀的五官，可见鉴真坚强刚毅的意志、深沉厚实的个性。长期以来，日本人民以唐招提寺的建筑和佛像作为他们珍贵的国宝。

鉴真及其子弟以汉语讲经，思托、法进等人擅长诗文。这些对促进中日语言文学的交流很有作用。鉴真精于医药，熟悉药性，能以鼻代目，鉴别药物。他曾治好日本圣武天皇皇后的疑难病症，遗有《鉴真上人秘方》于世。日本医道奉祀鉴真遗像，尊为祖师。鉴真在日本，主要是传播佛法，但同时也传播了中日人民友谊的种子，加强了中日之间的文化交流。公元763年鉴真逝世，日本僧俗同声悼念。次年，日本遣使到扬州诸寺通报鉴真去世的消息，扬州所有寺院僧众都服丧服，面东3日，以致哀悼。

锦囊妙语

只有失败消磨不掉东渡的决心，东渡才可能终获成功，从而达到弘扬佛法的目的。

鞠躬道歉的财政总长

1924年，有一次，北洋政府国务总理张绍曾主持国务会议。财政总长刘思远，人称“荒唐鬼”，他一到会场上坐下就大发牢骚说：“财政总长简直不能干，一天到晚东也要钱，西也要钱，谁也没本事应付，比如胡景翼这个土匪，也是再三再四地来要钱，国家用钱养土匪，真是从哪里说起？”

胡景翼，陕西人，字笠增，同盟会员，1924年在北京同冯玉祥、孙岳发动北京政变，任国民军副司令兼第二军军长，是个炙手可热的人物。

刘思远的牢骚发完以后，大家沉默了一会儿。正在讨论别的问题时，农商部次长刘定五忽然站起来说：“我的意见是今天先要讨论一下财政总长的话。他既说胡景翼是土匪，国家为什么还要养土匪？我们应该请总理把这个土匪拿来法办。倘若胡景翼不是土匪，那我们也应该有个说法，不能任别人不顾事实地血口喷人。”

财政总长刘思远听了这话，涨红了脸，不能答复。大家你看我，我看你，都不说话，气氛甚为紧张。静了10分钟左右，张绍曾才说："我们还是先行讨论别的问题吧。"

"不行！"刘定五倔强地说，"我们今天一定要根究胡景翼是不是土匪的问题，这是关系国法的大问题！"

又停了几分钟，刘思远才勉强笑着说："我刚才说的不过是一句玩笑话，你何必这样认真？"

刘定五板着面孔，严肃地说："这是国务会议，不是随便说话的场合。这件事只有两个办法：一是你通电承认你说的话如同放屁，再一个是下令讨伐胡景翼！"

事情闹到这一地步，结局实难预料，但出人意料的是刘思远总长竟跑到刘定五次长面前行了三鞠躬礼，并且连声说："你算祖宗，我的话算是放屁，请你饶恕我，好不好？"

话至此，连刘定五也不知所措了，便有意将话题引向了其他事务上，其意思也是帮助刘思远消除影响。

锦囊妙语

关键时刻就是应当用损失面子的方法挽回大结局。人在屋檐下，过于爱惜脸面是毫无意义的。

不肯放弃的菲利斯顿

当今美国最大的轮胎公司之一，菲利斯顿创建的"燧石轮胎橡胶公司"，1903年成立之时，只有几个工人和一间旧店腾出来的小厂房。那时，尽管美国的汽车工业刚开始起步，也已呈现"龙争虎斗"之势，竞争十分激烈。

菲利斯顿初到橡胶城亚克朗来闯天下，惨淡经营，天天省吃俭用，一毛钱都不乱花，事业仍无进展。一天，他工作太累了，破例进酒吧喝酒。

店堂里传来阵阵哄笑——一个脸上抹着灰，把裤子当围巾披在肩上的青年，正东倒西歪地走着，滑稽不堪。没走多远，被一把椅子腿绊倒，众人的笑声更高了。

“唉，天天如此，一个标准的酒鬼！”有人说，“搞发明真是害死人啊！”

菲利斯顿心中一亮，刚想离开，又停了下来，“他是发明家吗？发明了什么东西？”

“不太清楚，好像是有关橡胶轮胎方面的。”

“他叫什么名字？”

“洛特纳。不过没有人叫他这个名字，大家都叫他醉罗汉。”

菲利斯顿匆匆走出酒吧，已不见那青年的踪影，懊丧不已。他打听到洛特纳的地址，第二天一早就找上门去。那是一家规模很大的橡胶厂，洛特纳正在搬运材料。

“你是洛特纳先生吗？我今天特地来拜访你。”菲利斯顿笑着说。

“我不认识你。”洛特纳冷冰冰地说，露出警觉的目光，“有什么事？”

菲利斯顿一说起发明的事，洛特纳竟矢口否认，粗暴地打断了他，掉头走开了。菲利斯顿悻悻然走出工厂，心中十分纳闷。这时恰好遇到一位少女，把他当成了工厂的职员向他询问洛特纳是不是在里边。

菲利斯顿颇感意外，热切地向这位自称是洛特纳“朋友”的少女打听洛特纳的情况。

“你打听那么详细干什么？”少女不解地问。

“如果他的发明好的话，我想买他的专利，我是刚来此地不久的轮胎制造商。”

少女高兴地叫了起来，忽然又面有难色：“他不准我再对别人谈起他的发明，他知道了一定会生气的。”

在菲利斯顿的百般劝说下，女孩终于答应把他叫出来，共商大事。女孩兴致勃勃地进去，不一会儿就眼睛红红地走了出来。

“他是个怪物，我永远也不想见他了！”女孩呜呜地哭着说。

菲利斯顿心中刚燃起的希望又被女孩的泪水熄灭了，他感到一种莫名其妙的失望，好像他的命运与洛特纳有什么联系，其实，他还不知道洛特纳发明的究竟是什么，“我也未免太傻了。怎么能对一个相知不深，而且酗酒成性的人寄予太大的希望？”

菲利斯顿这么想着，便往回走去。

但他越走越慢了，洛特纳有一种奇特的力量在吸引着他。一个有才华的人，受了重大刺激而变得孤傲，不是很自然的吗？他不愿见我，不肯随便迁就别人，就证明他发明的一定是了不起的东西。哪个有名的发明家不是孤傲怪僻有违情理的？这么一想，菲利斯顿停下了脚步，等在厂门口。他想，即使他的新发明不实用，也许会由此触发其他灵感，无论如何，和他谈谈是决不会吃亏的。菲利斯顿下定决心，非要找他谈谈不可。

从上午10点等到12点，出来吃午饭的工人又回厂了，却没有洛特纳的身影。他不敢离开，生怕错失了洛特纳。到下午5点，几乎所有的工人都下班走了，还是没有见到他。菲利斯顿又饿又累，躺坐在路边的水泥座上。他横下一条心，洛特纳早晚总是要下班的，不见到洛特纳，他就不走了。

直到6点多，洛特纳才从厂门口匆匆走出，望眼欲穿的菲利斯顿又惊又喜，一下站起来，顿感两眼发黑，几乎摔倒。洛特纳扶住他。

“你不舒服吗，菲利斯顿先生？”洛特纳口气亲切多了。

“你让我等得好苦！”

“我知道。”洛特纳低垂下头，“我已经出来3次了，每次看见你等在外面，我又回去了——开始是不愿见你，到了下午，觉得难为情不好意思见你……”

菲利斯顿不需要他的解释，他的诚意终于感动了对方。两人到酒店共饮畅谈，越谈越投机。

“你发明的究竟是什么东西？”

“是使胶胎与圆密切接合的装置，使轮胎不易脱落。”洛特纳感慨万分，“我费尽心血研究出的东西，没有人要也就算了，最不能忍受的是别人拿它来取笑我，以为我是骗子，到处骗钱。”说着说着，洛特纳的眼泪就流了下来。

一次，洛特纳拿着他的专利证书去找当地橡胶界的巨子史道夫。史道夫瞟了一眼专利证书就把它扔在地上说：“你大概是想发财想疯了，才用这种玩意儿引人上钩，真是异想天开！”

菲利斯顿和洛特纳相见恨晚，互相将对方引为知已。洛特纳有感于知遇之恩，下决心帮助菲利斯顿打天下。菲利斯顿的资本和洛特纳的新技术一结合，就产生了巨大的效益。他们制成了一种不易脱落而且储气量大的轮胎。

他向正在制造大众汽车的福特去兜售："福特先生，听说您在制造新汽车，我给您带来了一种新轮胎。"

"你知道，我这种新车的特点是价格便宜。"福特笑着说，"可能用不起你的好轮胎。"

菲利斯顿展开了他的推销技巧："我敢保证，它一定适合您的新车。这种新产品，别人见都没有见过。"

喜好新奇的福特立刻动心了，试验的结果使他十分满意，只是嫌价格贵了一些。

"我决定1元钱不赚，按成本价供应给您。这样，只比以前的轮胎贵2元。对一部新车来说，不会有很大影响吧？"

菲利斯顿娓娓道来，合情入理，使人说不出不买的话来。装上新轮胎的福特车起飞之日，也正是菲利斯顿的橡胶公司腾飞之时，两人并由此结成过从甚密的好友。

锦囊妙语

人才是人之精华，因此，人才是难得的，世无完人，可很多人就只能看到别人的缺点而无法赏识他人的长处。如果你也这样的话，那就很难想象你能成就什么大事业了。

程婴救孤

晋景公三年（前597年），赵氏家族遭难。司寇屠岸贾追究刺杀晋灵公的主谋，罪名加在赵朔之父赵盾身上，把赵氏全族诛灭（有一说法是，赵朔当时并未被诛，后被屠岸贾假传灵公之命，而自杀的）。当时只有赵朔的妻子幸免于难，因为她是晋成公之姊，在宫中避祸。朔妻身怀六甲，如果生男，则是赵氏不灭。因此，保全和绝灭赵氏的两方，都盯住了这个尚未出生的遗腹子。

此时，公孙杵臼见到程婴，问程婴为什么没有为朋友殉难，程婴说："朔之妇有遗腹，若幸而男，吾奉之，即女也，吾徐死耳。"这时程婴已抱定殉难的决心，但是把保全赵氏后代放在首位。二人心意相通，遂为救援赵氏后代结成生死之交。

不久，赵朔妻产下一个男孩。屠岸贾闻风后，带人到宫中搜索。赵朔妻把婴儿藏在裤子里面，又幸亏婴儿没有啼哭，才躲过了搜捕。为寻万全之策程婴找到公孙杵臼商量办法，公孙杵臼提出一个问题，一个人死难呢，还是扶持孤儿难？程婴回答，一个人死容易，扶持孤儿难。于是，公孙杵臼说出一番计划，请程婴看在赵朔对他的深情厚谊的份上，担当起扶持孤儿的艰难事业，杵臼自己选择的则是先去赴死。

计划已完，他俩谋取别人的婴儿（一说是程婴献出自己的亲生儿子），包上华贵的襁褓，带到山里，藏了起来。然后程婴出来自首，说只要给他千金他就说出赵氏孤儿的藏身之处。告密获准，程婴带着人去捉拿公孙杵臼和那个婴儿。公孙杵臼见了程婴，装得义愤填膺，大骂他是无耻小人，既不能为朋友死难，还要出卖朋友的遗孤。然后大呼："天乎！天乎！赵氏孤儿何罪？"请求把他一个人杀了，让婴儿活下来。自然，公孙杵臼的要求未被答应，他和那个婴儿都被杀了。

程婴和公孙杵臼的调包计成功，人们都以为赵氏最后一脉已被斩断，那些附和屠岸贾的人都很高兴，以为从此再不会有人找他们复仇。程婴背着卖友的恶名，忍辱偷生，设法把真正的赵氏孤儿带到了山里，隐姓埋名，抚养他成人。

15 年以后，知情人韩厥利用机会，劝说晋景公勿绝赵氏宗祀。景公问赵氏是否还有后人，韩厥提起程婴保护的赵氏孤儿。于是孤儿被召入宫中。孤儿此时已是少年，名叫赵武，景公命赵武见群臣，宣布为赵氏之后，并使复位，重为晋国大族，列为卿士。程婴、赵武带人攻杀屠岸贾，诛其全族。

赵武20岁那年，举行冠礼，标志着进入成年。程婴觉得自己已经完成夙愿，就与赵武等人告别，要实现他殉难的初衷，以及了却对公孙杵臼早死的歉疚心情。他其实也是以一死表明心迹，证明自己苟活于世，决没有丝毫为个人考虑的意思。赵武啼泣顿首劝阻，终不济事，程婴还是自杀了。

程婴和公孙杵臼的事迹，后世广为传颂，并且编成戏剧，出现在舞台上，甚至流传到海外异邦。他们那种舍己救人、矢志不渝的精神，一直为人们所钦敬。程婴忠实于友谊，公孙杵臼不忘旧主的品格，也是人们津津乐道的。

中国历史上如果没有这段传奇的故事，战国时代的名门望族赵氏何能复兴？何能有后来雄霸天下的赵简子赵襄子？何能有韩赵魏三分晋国？何能有后世的“三晋”称谓？后世为纪念忠烈千秋的程婴，公孙杵臼，在藏山立庙以祀。庙曰“文子祠”以赵武之谥号赵文子命名。现存山门、牌楼、戏台、钟鼓楼。碑坊正殿、寝宫、梳洗楼等30余处遗迹依山而建，雄伟壮观，气势万千。

锦囊妙语

慷慨赴死易、从容就义难。面对强敌，尤其是狡猾强大的敌手，许多时候斗智比斗勇有更高的难度，甚至付出生命的代价。如何战胜狡猾的强敌需要算计，需要付出，也需要忍耐。搜孤救孤中的义士程婴与公孙杵臼就是靠着出色的智谋、坚忍的付出才最终在15年后打败了仇敌。死也要死得其所，尽管这种死是冷冰冰的算计，但为了最后的胜利也必须坚持。

丢尽面子的冒顿

人生在世，难免常遇到丢面子的事。从短期看，丢面子对一个人来说不是一件好事，但从长远看，也并非是一件坏事，它会成为促使你发愤图强的内在动力。

丢面子的事谁也不想做，但在某些情况下，我们往往又不得不丢面子。

西汉初年，北方的匈奴首领冒顿杀父自立为王，以为自威，这大大地震慑了它的邻邦东胡。为了限制匈奴的发展，东胡不断挑衅，企图寻找借口灭掉匈奴。

匈奴人生活在西北部的草原上，以强悍善骑著称，养有一匹千里马，皮毛油黑发亮如软缎，全身上下没有一根杂毛。它能日行千里，为匈奴立下过汗马功劳，被视为宝马。东胡知道后，便派使者到匈奴索要这匹宝马，匈奴群臣认为东胡太无理了，一致反对。

足智多谋的冒顿一眼便看穿了东胡的用意，但他并没有表露出来。他知道，舍不得孩子打不着狼，于是决定忍痛割爱来满足东胡的要求。他告诉臣下："东胡之所以要我们的宝马，是因为与我们是友好邻邦。我们哪能因为区区一匹千里马而伤害与边邻的关系呢？这样太不合算了。"这样，他就把宝马拱手送给了东胡。冒顿虽然表面上不与东胡做对，但他暗地里壮大实力，明修政治，希望有朝一日将丢的面子找回来。

东胡王得到千里马以后，认为冒顿胆小怕事，就更加狂妄。他听说冒顿的妻子很漂亮，就动了邪念，派人去匈奴说要纳冒顿之妻为妃。

冒顿的妻子年轻貌美，端庄贤淑，深得民心。匈奴群臣一听东胡王如此羞辱他们尊敬的王后，都气得摩拳擦掌，发誓要与东胡决一死战。冒顿更是气得牙齿咬得吱吱响，连自己的妻子都保护不了，还算个男人？然而他转念又一想，东胡之所以三番五次使自己丢面子，是因为东胡的力量比匈奴强大。一旦发生战争，自己的实力不济，很可能会战败。小不忍则乱大谋，还是再忍让一回，等以后有了合适的时机，再与东胡算总账。

于是，他强作笑颜，劝告群臣："天下女子多的是，而东胡却只有一个啊！岂能因为区区一个女人伤害与邻邦的友谊？"这样，他又把爱妻送给了东胡王。

之后，他召集群臣，指明东胡气焰嚣张的原因，分析了当时的形势，鼓励大臣们内修实力，外修政治，以后将丢的面子找回来。群臣听冒顿分析得有道理，于是按照冒顿的要求兢兢业业地治理，以图日后报仇恨。

东胡王轻而易举地得到千里马与美女，就认为冒顿真的惧怕他，更加骄奢淫逸起来。他整日灯红酒绿，寻欢作乐，不理朝政，以致实力越来越衰弱。然而他却毫无自知之明，又第三次派人到匈奴去索要两邦交界处方圆千里的土地。

此时的匈奴又怎么样呢？匈奴经过冒顿及其群臣多年卧薪尝胆的治理，政治清明，兵精粮足，老百姓安居乐业，其实力之雄厚远远超出了东胡。

东胡的使臣来后，冒顿召集群臣商议对策。大臣们不明白他的态度，都在那里沉默，有人耐不住这可怕的寂静，联想到以往两次的事，就试探地说："友谊可能重于一切，我们就送给他们千里土地好了。"冒顿一听，怒发冲冠，拍案而起，振振有词道："土地乃社稷之根本，岂可割予他人！东胡王霸我皇后，索我土地，实在是欺人太甚！是可忍，孰不可忍！现在天赐良机，我们要灭掉东胡，以雪国耻！"他亲自披挂上阵，众人同仇敌忾，一举消灭了毫无防备的东胡。

冒顿将丢面子视为一种磨炼，把丢面子作为一种与敌人斗争和周旋的策略，通过丢面子的耻辱刺激群臣意识到国弱被人欺的道理，鼓励群臣和百姓卧薪尝胆、发愤图强，先壮大自己，然后再与敌人作战，找回丢去的脸面。如果冒顿当时被夺马霸妻之后不愿意丢面子，只是一味地意气用事，与东胡发生战争，鉴于当时弱小的实力，很可能会全军覆没，自己的政权被推翻。冒顿没有这样做，他将丢脸巧妙地转化为刺激群臣和百姓辛勤劳作的外在因素，最后灭掉了东胡，将自己多次丢的面子一次挽回。这一抉择不能不说是一种颇有见地的大智慧。

锦囊妙语

丢面子可以使人发现自己的弱点，改正自己的错误，取得更大进步，同时它还可以催人发奋，令人图强，最终再将丢失的脸面找回来。

隐忍待发的徐阶

历代奸相中，大概没有谁比严嵩的影响更大了。在他当政20多年里，“无他才略，唯一意媚上窃权罔利”，“帝以刚，嵩以柔；帝以骄，嵩以谨；帝以英察，嵩以朴诚；帝以独断，嵩以孤立”，与昏庸的嘉靖帝“竟能鱼水”。

严嵩之所以当政长达20余年，与嘉靖帝的昏庸有着十分密切的关系。世宗即位时年仅15岁，是一个乳臭未干的孩子。加之不学无术，在位45年，竟有20多年住在西苑，从来不回宫处理朝政。正因为如此，才使得奸臣有机可乘。事实上，在任何一个国家的任何朝代，昏君之下必有奸臣，这已成了一条规律。

虽然严嵩入阁时已年过60，老朽糊涂，但其子严世蕃却奸猾机灵。他晓畅时务，精通国典，颇能迎合皇帝。故当时有“大丞相、小丞相”之说。在严嵩当政的20多年里，朝中官员升迁贬谪，全凭贿赂多寡。所以很多忠臣都被严嵩父子加害致死。

为了反对严嵩弊政，不少爱国志士为此进行了前仆后继、不屈不挠的斗争，也有不少志士因此献出了生命。在对严嵩的斗争中，徐阶起到了决定性的作用。

徐阶在起初始终深藏不露，处理朝政既光明正大又善施权术。应该说，在官场角逐中既能韬光养晦，又会出奇制胜，是一位弹性很强的有谋略的政治家。他的圆滑，被刚直的海瑞批评为“甘草国老”。虽然他“调事随和”，但仍与严嵩积怨日深。在形势对徐阶尚不利时，徐阶一方面对皇帝更加恭谨，“以冀民怜而宽之”；另一方面，对严嵩“阳柔附之，而阴倾之”，虽内藏仇恨，表面上却做出与严嵩“同心”之姿态。为了打消严嵩的猜忌，徐阶甚至不惜以其长子之女婚许于严世蕃之子。

时机终于来了。嘉靖四十年11月25日夜，嘉靖皇帝居住近20年的西苑永寿宫付之一炬。大火过后，皇帝暂住潮湿的玉熙殿。王部尚书雷礼提出永寿宫“王气攸钟”，宜及时修复；而众公卿却主张迁回大内，这样既省钱，又可恢复朝政。皇帝问严嵩。严嵩提出皇帝应暂住南宫——这是明英宗被蒙古瓦剌部也先俘虏放回后，景帝将其软禁的地方。嘉靖当然不愿意住在这样一个“不吉利”的地方。严嵩的这个建议铸成了导致他失宠于嘉靖皇帝并最终垮台的大错。

徐阶觅得这样一个千载难逢的好机会，当然不会轻易放过。所以他表现出十分忠诚的样子，提出尽快修复永寿宫，并拿出了具体规划。次年3月，工程如期竣工，皇帝喜不自禁，从此将宠爱转移到徐阶身上。

为达到置严嵩于死地的目的，徐阶还利用皇帝信奉道教的特点，设法表明罢黜严嵩是神仙玉帝的旨意。他把来自山东的道士蓝道行推荐入西苑，为皇帝预测吉凶祸福。不久，徐阶便借助伪造的乩语，使严嵩被罢官，严世蕃被斩。

锦囊妙语

在时机未到时，需要耐心地等待时机，而一旦时机成熟，就必须毫不迟疑地发展自己，把对手挤垮。

困境中奋起的斯巴达克

斯巴达克是世界古代历史上规模最大的一次奴隶起义的领袖，是古代史中的杰出人物。斯巴达克是色雷斯（今保加利亚）人。公元前82年，斯巴达克在一次色雷斯人抗击罗马侵略的激烈战斗中不幸被俘。斯巴达克遭俘后，被戴上脚镣，腿上涂上白粉，颈上挂着小牌，卖做奴隶。他曾屡次逃跑，但都被追捕回来。后来，奴隶主把他卖到卡普亚城的一个叫巴奇亚图的人开办的角斗学校去充当角斗士。角斗，罗马人称之为“游戏”，实际上是罗马的奴隶主拿奴隶的生命去满足他们荒淫无耻生活的一种最野蛮最残酷的“娱乐”。斯巴达克在角斗士学校受着折磨和压迫。

为了争取自由和生存，斯巴达克在卡普亚角斗学校经常对奴隶们进行宣传鼓动，他号召说：“宁可为自由而死于战场，决不为敌人的娱乐而丧身于竞技场。”他秘密组织了200名左右奴隶角斗士，准备举行武装起义。由于出现了叛徒，角斗士们决定提前起义。公元前73年，在斯巴达克的领导下，角斗士手持菜刀、肉叉和木棒，杀死了监视看管他们的奴隶主和卫兵，冲出了学校。

斯巴达克和冲出卡普亚角斗学校的70多名角斗士，在维苏威火山举起了义旗。斯巴达克被推为领袖，克里克萨斯和埃诺玛伊当他的助手。处在水深火热之中的奴隶和破产农民，纷纷投奔斯巴达克起义队伍，起义者很快发展到近10000人。罗马奴隶主对斯巴达克起义军十分恐慌，他们首先派克罗狄乌斯带领3000官兵去镇压起义军。克罗狄乌斯发现斯巴达克阵地除一面外，周围都是悬崖峭壁，就在进山的唯一羊肠小道上布下兵力，妄图堵住奴隶的退路，把起义军困死在山上。斯巴达克和英勇的战士们没有惊慌失措，他们用结实的葡萄蔓编成很长的软梯，在一天傍晚，起义者一个接一个地爬下了峭壁，然后悄悄地绕到克罗狄乌斯军营的后面，把罗马人打得落花流水。

克罗狄乌斯狼狈地逃回罗马，元老院又派遣普布列、瓦伦涅率2个军团去镇压起义军。面对气势汹汹的罗马大军，斯巴达克镇定自若，他率领起义军先后歼灭了瓦伦涅的副将傅利乌斯的2000人马和科辛纽斯率领的罗马军队，在残酷的斗争中，起义军缺乏武器，同时饥饿、寒冷和疾病威胁着他们，但斯巴达克起义军坚忍不拔，最后打败了瓦伦涅军队。从此奴隶起义军军威大振，斯巴达克的名字传遍了整个意大利。

斯巴达克是一位伟大的军事统帅，具有卓越的组织能力和高超的军事指挥本领。在战斗中，斯巴达克陆续把部队编为骑兵队、重装兵队、轻装兵队，并把有技术的奴隶（铁匠等）组织起来制造盾甲兵器。斯巴达克抓住战斗间歇时间整顿部队，为起义军制订了严格的纪律：规定每个军团都配有军旗和军徽；缴获的战利品一律交公；缴获品在战士中平均分配；向群众买东西要付足价钱；不准欺侮老百姓等，因而提高了部队的战斗力，加强了和群众的关系。

公元前72年，罗马元老院又派出执政官波泼里科拉和连图拉斯，率领2个军团去镇压起义军。同年2月，为了让奴隶们获得自由，斯巴达克率领队伍北上，准备翻过阿尔卑斯山，让起义的弟兄们各自返回故乡。这时，斯巴达克起义军内部发生了分裂，克里克萨斯带领一部分不愿离开意大利的起义者离开了斯巴达克部队，因而削弱了起义军的力量。斯巴达克起义军消灭了前来围剿的2个执政官军队的有生力量，到达了波河流域。这时斯巴达克起义军已是拥有12万人的大军了。不久，攻克摩提那城。以后，起义军改变了计划，挥戈南下，攻打首都罗马。

斯巴达克率领12万大军迅速南下，使罗马奴隶主极度惊慌。这时，克拉苏出任执政官，克拉苏是镇压奴隶起义的最凶恶的刽子手。他命令他的副将穆米乌斯跟踪起义军，穆米乌斯求功心切，结果被斯巴达克起义军所击败。克拉苏为了威胁士兵，恢复残忍的"十一抽杀令"（对临阵脱逃的士兵，10人中抽出1人处以死刑），然后尾追斯巴达克起义军。

斯巴达克这时已到了墨西哥海峡之滨，打算渡过海峡到西西里去，但是渡海没有成功。公元前71年冬，正当斯巴达克准备挥师北上的时候，克拉苏追赶到了特默沙，特默沙是一条狭长的地带。克拉苏命令军队在特默沙挖了一条长50多千米，宽四五米，深四五米的大壕沟，想以此阻挡斯巴达克军队。斯巴达克不愧为一个伟大的杰出的军事领袖，在一个风雪交加的夜里，他率领部队突围冲出了克拉苏防线，向意大利东部沿岸挺进。可是，这时起义军出现了第二次分裂，一部分土生土长的意大利的农民和奴隶不愿跟随斯巴达克去布林的西，然后东渡亚得里亚海到希腊去。12000名起义军战士分裂出去以后，斯巴达克带领部队继续向布林的西前进。从小亚细亚回来的罗马将军卢库鲁抢先占领了布林的西，截断了斯巴达克的去路。这时，庞培正从西班牙率军回国，克拉苏又从后面追来，形势紧迫，斯巴达克决定挥师北上，直捣罗马。克拉苏不甘心战功轻易地让庞培和卢库鲁夺去，紧紧尾随斯巴达克，急于展开决战。于是，一场惊天动地的战斗在阿普利亚和卡拉布利交界的地方展开了。战斗从早晨一直到黄昏，起义军的战士们顽强地战斗着。斯巴达克身先士卒，奋不顾身，砍死了2个罗马指挥官和无数的罗马兵士。斯巴达克要找克拉苏决战，但没有找到。在激烈战斗中，斯巴达克腿部负了重伤，便跪在地上，用盾牌护身，继续战斗，直到壮烈牺牲。

斯巴达克牺牲了！他点燃起来的烈火，在一个较长的时期内继续在意大利燃烧。斯巴达克起义沉重地打击了古代罗马的奴隶主阶级，动摇了罗马奴隶主阶级的统治基础，加速了罗马奴隶制经济的危机，推动了历史前进。

锦囊妙语

置之死地而后生，当一些有思想的人物被压在社会的最底层时，所爆发出来的反抗的激烈程度是很难设想的。

礼贤下士的燕昭王

燕王姬哙把王位传给他的宰相子之。子之做了3年国王，燕国大乱，百姓怨恨，齐国乘机进攻燕国，燕国大败，子之被杀。过了2年，燕国贵族立公子平为国王，就是燕昭王。经子之之乱和齐国的入侵，燕国被糟蹋得残破不堪，国都蓟几乎成了一片废墟。燕昭王决心改革政治，加强军事，发展生产，使燕国强盛起来，以便早日报齐国入侵之仇。于是他特地去请教郭隗先生，说："齐趁我国内乱攻破我们。我很清楚燕国地方小，人力弱，谈不上报仇。然而，请到能人共理国事，以雪父王之耻，我的愿望在此！请问报仇该怎么办？"

郭隗先生听了回答说："开创帝业的人常与师长共处，建立王业的人常有良才相伴，完成霸业的人必有贤臣辅佐，而亡国之君就只会跟奴才们混在一起。若能放下架子，尊能人、贤者为师，恭恭敬敬地向他们学习，那么，才能胜过自己百倍的人就会到来；若能以礼事人，虚心受教，那么，才干胜过自己十倍的人就会到来；如果别人怎样做，也跟着怎样做，那么，才能跟自己差不多的人就会到来；如果凭几执仗，横眼斜视，指手画脚，那么只有奴才们才会到来；如果瞪起眼睛，晃着拳头，顿脚吆喝，对人斥责，那么，来到的就只有下等的奴才，这些都是礼贤下士和招致能人所应注意选取的标准。大王如果能广选国内的贤才，尊奉为老师，亲自去拜见求教，天下都知道说大王礼敬贤才，那些有才能的人肯定会争先恐后集中到燕国来了。”

昭王说：“我现在该向谁礼敬才行？”

郭隗先生道：“我听说古代有个国君，花千金购千里马，3 年没买到。这时宫中有个侍臣对国君说‘请让我去买吧’，国君就派他去。找了 3 个月，果然找到一匹千里马；可是那匹马已经死了。侍臣就用500 金买下了那匹马的头，回来报告国君。国君大发雷霆，说‘我要的是活马，死马有什么用？白白地丢了500 金！’那个侍臣说‘一匹死马还用500 金买来，何况活马呢！人们必定认为大王确实不惜重金购买良马，千里马很快就会送上门来了。’不到一年，果然送来了3 匹千里马。现在大王真要招致人才，就从我开始吧。像我这样的人还能受到您的重用，何况比我更有才干的呢？难道他们不会不远千里而来吗？”

燕昭王采纳了郭隗的意见，郑重地请郭隗到朝中来，拜他为老师，日夜和他商量复兴国家的大计。为了表示对郭隗特别尊敬，给郭隗以优厚的待遇。当时燕国的宫殿被战火烧了，燕王自己没有像样的宫殿居住，和大臣们一起办事也是在临时搭的简陋草房内，却单独给郭隗筑起一个高台，在上面给他建筑了华丽的馆舍，又举行了隆重的仪式，恭恭敬敬地请郭隗到里面居住。还在这高台上放置许多黄金任郭隗取用。人们都称这高台为“黄金台”。

这件事很快传遍四方，人们都知道燕昭王敬重贤才，尊重人才，一些有真正本领的人，都先后聚集到燕国来。著名的军事家乐毅从魏国来到燕国，善于带兵打仗的剧辛从赵国来到燕国，精通天文地理的阴阳家邹衍从齐国来到燕国……这样许多豪士云集燕国。28 年后，燕国果真殷实富强，以乐毅为统帅的四国合纵军长驱直入齐国，为先王雪耻。

锦囊妙语

网罗人才需要有足够的吸引力，利用人才之间的竞争心理，造就有利于人才生存，人尽其才的有利环境和氛围，则可以吸引大批的人才心甘情愿地前来，从而形成人才队伍不断壮大的良性循环。

忍耐待时的宋理宗

公元1224年，宋宁宗病死，在史弥远的扶持下，赵昀即位，这就是历史上的宋理宗。

理宗青年嗣位，尚未成婚，直到服丧告终后才议选中宫，一班大臣贵戚听说皇上选中宫，都将生有殊色的爱女送入宫中。

左相谢深甫有一侄女，待人谦和，贤淑宽厚。杨太后在当年自己做皇后时，曾得到过谢深甫的不少帮助，因此，想立谢氏为皇后。

除了谢氏外，当时被选入宫的美女共有6人，宁宗朝的制置使贾涉的女儿长得颇有姿色，而且还善解人意。理宗对她十分满意，一心想册立她为皇后。

可是，杨太后却说："立皇后应以德为重，封妃可以色为主。贾女姿容艳丽，体态轻盈，尚欠庄重，不像谢氏，丰容端庄，理应位居中宫。"

理宗听后没再表示反对，顺从了杨太后的意愿，册立谢氏为皇后，另封贾女为贵妃。

理宗为什么心里一千个不愿意，还是答应了杨太后的要求呢？

原来，理宗原名叫赵与莒，只不过是绍兴民间的一名男子，史弥远为了对付原太子，便找了他，说是赵宋宗室之子。然后把他召到临安，立为皇帝。

理宗心想，自己即帝位，本就有诸多争议，此时如果不顺从太后的意愿，与她抗争，太后必定会记恨于我，说不定会废除我的皇位，另立天子，大丈夫能屈能伸，为什么我不能忍耐一下，答应她的要求呢，总有一天，她是要死的，到时候，谁还能管得了我？再说册立皇后，也只不过是一种法定形式，册立谢氏为皇后，也没什么了不得的，后宫美女如云，还怕不能享用吗？

大礼完毕后，理宗对谢后一直是客客气气，全按礼数办，并例行公事的在谢后那儿逗留一晚上。

过了两年，杨太后一命呜呼，撒手而去。此时，理宗的羽翼已丰满，又见杨太后去世，便再也不问津谢后了，天天与贾妃在一起，无所忌惮地宠幸贾妃。

理宗尽管在处理朝政上是个昏君，毫无建树，但在册立皇后上，能够认清形势，采取了忍耐、让步的策略，最后达到了目的。

锦囊妙语

> 忍耐可化解一切艰难险阻。在屈伸之间，伸是最终目的，屈为伸而服务，只伸不屈，会输得头破血流；只屈不伸，无作用无意义可言，只是窝窝囊囊地活着。

不怕碰壁的内纳廷

1982 年，内纳廷的公司遇到了很大的困难，主要是加工的食品保鲜技术不过关，造成积压。

为了扭转不利局面，内纳廷派人四处寻找能解决食品保鲜技术的人才，终于打听到另一家食品公司有一名叫保罗·克莫的工程师在这方面有专长。

内纳廷说明来意后，克莫无动于衷，廷显得有些急躁不安，不仅拒不接受礼物，还在会见刚开始几分钟时，就下了逐客令：

“我现在什么也不想干，请你另请高明。”

内纳廷碰了一鼻子灰，但他并不气馁。一个星期后，他再度拜访了克莫。

这一次情形与第一次大同小异，正在准备晚餐的克莫甚至有点不耐烦了：

“我已经说了，我不想再做什么，就是现在这份工作都不想干了，我不会考虑到你的公司任职。”

内纳廷再一次失望而归，他认为克莫一定遇到了什么不顺心的事，如果真是这样的话，倒可以利用这一点做做文章，说不定还有希望使他回心转意。

于是第二天，内纳廷派秘书“跟踪”克莫，以便尽可能了解他和他的家庭情况。

秘书的发现证实了内纳廷的猜测。原来，保罗·克莫虽年届五旬，膝下却无子女，一直与爱妻维莉共同生活，二人感情甚好。不久前，维莉在一次车祸中受了重伤，住进了医院。从此，克莫一面要照料妻子，一面又要上班，加上由于维莉受伤带来的痛苦和烦恼，使他心绪不宁。

内纳廷认为这是一个可以利用的机会。

第二天，维莉的病房里又住进了一位“病员”——内纳廷的女秘书，并且很快与维莉交上了朋友。

随后，内纳廷每天都派人给女秘书送鲜花、小礼物，使维莉“眼红”不已。

女秘书趁机大夸其领导内纳廷，说他如何关心部下、爱护部下，而他每天派人来看望自己就是最好的证明。

维莉丝毫没有怀疑。这样，当每天傍晚克莫来给她送饭时，她就要美言女秘书的领导几句，女秘书也要借此机会渲染一番。

于是，克莫也知道了女秘书有一位不错的领导。

一天中午，内纳廷亲自出马了，他手持鲜花，满面笑容地来“看望”他的秘书。

与秘书寒暄几句后，内纳廷把话题引到了维莉身上，他问女秘书：“这位是……”

“与我一样不幸的人，她在一次车祸中受了伤，已住了很长时间了，现在我们是朋友。我有一位好领导，她有一位好丈夫——她丈夫每天都给她送饭。”

内纳廷热情地向维莉伸出了手：“认识您很高兴，希望您早日康复。”

就这样，维莉认识了内纳廷，并对他留下了良好的印象。

从这一天起，内纳廷派来的人，几乎每次都要送来两份鲜花和礼物——一份给女秘书，一份给维莉。

维莉深受感动，克莫也听到了越来越多的关于内纳廷的好话。

终于有一天，正当克莫把晚餐送到妻子床头时，内纳延也来“看望”女秘书了。

内纳廷刚一进门，维莉就欢呼起来，马上向克莫介绍：“这位就是我常向你说起的那位好领导。”

克莫还未反应过来，内纳廷就“吃惊”地说：“原来是你！”随即转向维莉：“你丈夫是一位不错的技术人员，我曾经邀请他到敝公司任职，但他不愿意。真没想到，他竟是你丈夫，太巧了！”

维莉一听，立即“批评”克莫：“你真是难以理解，这么好的领导，你竟然不愿为他工作。你看看你现在在职的公司，什么时候派人来看过我？甚至连假都不许你请，若不是这位小姐住进来，我不知会有多寂寞！”

内纳廷立即接过话茬：“克莫先生因为夫人受伤，心绪不佳，我现在才理解当初克莫先生为何拒绝我的邀请。现在，我有一个请求，希望克莫先生能帮助我们公司解决一个难题。”

在维莉的劝说下，克莫当时就答应了，他在帮助内纳廷公司解决食品保鲜技术的过程中，进一步了解到内纳廷的确是一位尊重、关心、理解部下的好领导。因此，克莫最后辞掉了原职，进入了内纳廷的食品公司。

内纳廷的食品公司因为克莫的加入，生意不断兴旺起来，成为美国最知名的食品公司之一。

锦囊妙语

人才是宝，大家都想得到。为了得到人才，动一动脑筋，想一想办法是必需的。

屈节让步的唐高祖

隋炀帝大业十一年（公元615年），李渊出任山西、河东抚慰大使，奉命讨捕群盗，对于一般的盗寇。如毋端儿、敬盘陀等，都能手到擒来，毫不费力；但对于北领突厥，因恃有铁骑，民众又善于骑射，却是大伤脑筋，多次交战，败多胜少。突厥兵肆无忌惮，李渊视之为不共戴天之敌。

公元616年，李渊被诏封为太原留守，突厥竟用数万兵马反复冲击太原城池，李渊遣部将王康达率千余人出战，几乎全军覆没。后来巧使疑兵之计，才勉强吓跑了突厥兵。还有更可恶的是，盗寇刘武周，突然进据归李渊专管的汾阳宫（隋炀帝的行宫之一），掠取宫中妇女，献给突厥。突厥即封刘武周为定杨可汗。另外，在突厥的支持或庇护下，郭子和、恭举等纷纷起兵闹事，李渊防不胜防，随时都有被隋炀帝以失责为借口杀头的危险。

大家都以为李渊怀着刻骨仇恨，将会与突厥决一死战。不料李渊竟派遣谋士刘文静为合，向突厥屈节称臣，并愿把“子女玉帛”统统送给始毕可汗！

李渊的这种屈节让步行为，就连他的儿子都深感耻辱。李世民在继承皇位之后还念念不忘：“突厥强梁，太上皇（李渊）……称臣于颉利（指突厥），朕未尝不痛心疾首！”李渊却“众人皆醉我独醒”，他有他自己的盘算，屈节让步虽然样子上难看一点，但能屈能伸方能成为大丈夫。

原来李渊根据天下大势，已断然决定起兵反隋。要起兵成大气候，太原虽是一个军事重镇，但还不是理想的根据地，必须西入关中，方能号令天下。西入关中，太原又是李唐大军万万不可丢失的根据地。那么用什么办法才能保住太原，顺利西进呢？

当时李渊手下兵将不过三四万之众，即使全部屯住太原，应付突厥的随时出没，同时又要追剿有突厥撑腰的四周盗寇，也是捉襟见肘。而现在要进伐关中，显然不能留下重兵把守。所以，唯一的办法是采取和亲政策，让突厥“坐受宝货”。所以李渊不惜屈节让步，自称外臣，亲写手书道：“欲大举义兵，远迎主上，复与贵国和亲，如文帝时故例。大汗肯发兵相应，助我南行，幸勿侵暴百姓。若但欲和亲，坐受金帛，亦唯大汗是命。”与突厥约定，共定京师，则土地归我唐公，子女玉帛则统统献给可汗。

退一步，海阔天空。唯利是图的始毕可汗果然与李渊修好。在李渊好为艰难地从太原进入长安这段时间里，李渊只留了第三子李元吉率少数人马驻扎太原，却从未遭过突厥的侵犯，依附突厥的刘武周等也收敛了不少。李元吉于是有能力从太原源源不断地为前线输送人员和粮草。等到公元619年，刘武周攻克晋阳时，李渊早已在关中建立了唐王朝，而此时的唐王不仅在关中站稳了脚跟，拥有了新的幅员辽阔的根据地，此时的刘武周再也不是李渊的对手，李渊派李世民出马，不费多大力气便收复了太原。

另外，由于李渊甘于屈节让步，还得到了突厥的不少资助。始毕可汗一路上送给李渊不少马匹及士兵，李渊也借机购来许多马匹，这不仅为李渊拥有一支战斗力极强的骑兵奠定了基础，而且因为汉人素惧突厥兵英勇善战，李渊军中有突厥骑兵，自然凭空增加了不少声势。

李渊屈节让步的行为，为不少人所不齿。但在当时的情况下，不失为一种明智的策略，它使弱小的李家军既平安地保住后方根据地，又顺利地西行打进了关中。如果再把眼光放远一点看看，突厥在后来又不得不向唐乞和称臣，突厥可汗还在李渊的使唤下顺从地翩翩起舞哩！

锦囊妙语

由此看来，暂时隐忍的屈节让步，往往是赢取对手的必不可少的谋略。

装疯卖傻的司马懿

魏国的大将司马懿，出身大士族。曹操刚刚掌权的时候，曾经征召司马懿出来做官。那时候，司马懿嫌曹操出身低微，不愿意应召，但是又不敢得罪曹操，就假装得了风瘫病。曹操怀疑司马懿有意推托，派了一个刺客深夜闯进司马懿的卧室去察看，果然看到司马懿直挺挺地躺在床上。刺客还不相信，拔出佩刀，架在司马懿的身上，装出要劈下去的样子。他以为司马懿要不是风瘫，一定会吓得跳起来。司马懿也真有一手，只瞪着眼望着刺客，身体纹丝不动。刺客这才相信他是真瘫，收起刀向曹操回报去了。

司马懿知道曹操不会就此放过他。过了一段时期，让人传出消息，说风瘫病已经好了。等曹操再一次召他的时候，他就不拒绝了。

司马懿先后在曹操和魏文帝曹丕手下，担任了重要职位。到了魏明帝即位，司马懿已经是魏国的元老。由于他长期带兵在关中跟蜀国打仗，魏国兵权大部分落在他手里。后来，辽东太守公孙渊勾结鲜卑贵族，反叛魏国。魏明帝又调司马懿去对付辽东的叛乱。

司马懿平定了辽东，正要回朝的时候，洛阳派人送来紧急诏书，要他迅速赶回洛阳。

司马懿到了洛阳，魏明帝已经病重了。魏明帝把司马懿和皇族大臣曹爽叫到床边，嘱咐他们共同辅助太子曹芳。

魏明帝死后，太子曹芳即了位，就是魏少帝。曹爽当了大将军，司马懿当了太尉。两人各领兵3000，轮流在皇宫值班。曹爽虽然说是皇族，但论能力、资格都跟司马懿差得远。开始的时候，他很尊重司马懿，有事总听听司马懿的意见。

后来，曹爽手下有一批心腹提醒曹爽说："大权不能分给外人啊！"他们替曹爽出了一个主意，用魏少帝的名义提升司马懿为太傅，实际上是夺去他的兵权。接着，曹爽又给自己的心腹、兄弟都安排了重要的职位。司马懿看在眼里，装聋作哑，一点也不干涉。

曹爽大权在手，就寻欢作乐，过起荒唐的生活来了。为了树立他的威信，他还带兵攻打蜀汉，结果被蜀军打得大败，差点全军覆没。

司马懿表面不说，暗中自有打算。好在他年纪也确实老了，就推说有病，不上朝了。

曹爽听说司马懿生病，正合他的心意。但是毕竟有点不放心，还想打听一下太傅是真病还是假病。

有一次，有个曹爽亲信的官员李胜，被派为荆州刺史。李胜临走的时候，到司马懿家去告别。曹爽要他顺便探探司马懿的情况。

李胜到了司马懿的卧室，只见司马懿躺在床上，旁边两个使唤丫头伺候他吃粥。他没用手接碗，只把嘴凑到碗边喝，没喝上几口，粥就沿着嘴角流了下来，流得胸前衣襟都是。李胜在一边看了，觉得司马懿病得实在可怜。

李胜对司马懿说："这次蒙皇上恩典，派我担任本州刺史（李胜是荆州人，所以说是本州），特地来向太傅告辞。"

司马懿喘着气说："哦，这真委屈你啦，并州在北方，接近胡人，你要好好防备啊。我病得这样，只怕以后见不到你啦！"

李胜说："太傅听错了，我是回荆州去，不是到并州。"

司马懿还是听不清，李胜又大声说了一遍，司马懿总算有点搞清楚了，说："我实在年纪老、耳朵聋，听不清你的话。你做荆州刺史，这太好啦。"

李胜告辞出来，向曹爽一五一十地说了一遍，说："太傅只差一口气了，您就用不着担心了。"

曹爽听了，甭提有多高兴啦。

公元249年新年，魏少帝曹芳到城外去祭扫祖先的陵墓，曹爽和他的兄弟、亲信大臣全跟了去。司马懿既然病得厉害，当然也没有人请他去。

等曹爽一帮人一出皇城，太傅司马懿的"病"全好了，他披戴起盔甲，抖擞精神，带着他两个儿子司马师、司马昭，率领兵马占领了城门和兵库，并且假传皇太后的诏令，把曹爽的大将军职务撤了。

曹爽和他的兄弟在城外得知消息，急得乱成一团。有人给他献计，要他挟持少帝退到许都，召集人马，对抗司马懿。但是曹爽和他的兄弟都是只知道吃喝玩乐的人，哪儿有这个胆量。司马懿派人去劝他投降，说是只要交出兵权，绝不为难他们。曹爽就乖乖地投降了。

过了几天，就有人告发曹爽一伙谋反，司马懿派人把曹爽一伙人全下了监狱处死。

这样一来，魏国的政权名义上还是曹氏的，实际上已经转到司马懿手里。司马懿的城府和心机之深，从中可见一斑。

锦囊妙语

装疯卖傻，需要很大的忍耐力，争强好胜者是绝对做不到的。这要先丢脸、先失败，经过一番痛苦的忍耐。

韬光养晦的斯坎德培

14世纪末，欧洲地区的强国土耳其入侵欧洲小国阿尔巴尼亚，阿尔巴尼亚第勃拉地区的领主卡斯特里奥蒂被迫臣服于土耳其人。为了证明自己对土耳其苏丹的忠诚，卡斯特里奥蒂在1423年将自己4个儿子中的3个送往土耳其的首都埃地尔内作为人质。

送去做人质的3个儿子中有一个叫乔治。乔治精力充沛，机智过人，他很快引起了土耳其苏丹的注意和器重，被派往宫廷学校学习。苏丹为他起了个叫“斯坎德培”的名字，并让他加入穆斯林教。斯坎德培以优异的成绩从土耳其军事学校毕业，并作为一名军人参加了土耳其军队对外国的征战。在战斗中他表现出众，赢得了苏丹的信任，并被封为贵族称号。1438年，土耳其苏丹穆拉德二世封他为被征服的阿尔巴尼亚著名要塞克鲁雅的领主——苏巴什。

但是，斯坎德培内心深处却恨透了土耳其苏丹。他长期栖身敌巢为的就是骗取信任，等待时机，有朝一日突然反戈，光复祖国。

斯坎德培深知，想要再建国家，必须做长期、谨慎的准备，抓住最好的时机一举成功，而绝不能轻举妄动，否则的话就将功亏一篑，全盘皆输。为此，他忍辱负重，卧薪尝胆。他与当地的原阿尔巴尼亚公国的大公们保持着广泛的联系，同时秘密地和不满土耳其人的邻国威厄斯共和国、腊古扎共和国取得联系。1440年，斯坎德培被调往第勃拉地区任最高长官。这期间，他继续秘密地进行准备，并同邻近的那不勒斯和匈牙利接触，建立秘密联系。

在斯坎德培任第勃拉长官期间，被征服的阿尔巴尼亚人民对压迫、掠夺他们的土耳其人愈来愈仇恨，他们积极准备武装起义。农民们多次恳请斯坎德培率领他们起义，反抗土耳其人。但是，斯坎德培没有答应他们的恳求，他继续装做全心全意效忠于土耳其苏丹。斯坎德培知道，时机还没有到来，如果仓促起事，那么20年之功就会毁于一旦。他仍然不动声色地忍受、等待，甘愿承受着本国人民的误解。

1443年秋天，这期待已久的时机终于来到了。这年的前一年，匈牙利人在胡尼亚迪的率领下对土耳其人进行反攻，取得重大战果。胡尼亚迪计划在下一年展开更大规模的进攻，把土耳其人彻底赶出匈牙利国土。为此，他联络了巴尔干半岛的各个国家，同他们结成联盟。胡尼亚迪派人与斯坎德培联系共抗土耳其。光复阿尔巴尼亚的有利国际形势已经形成。同时，反对土耳其的罗马教皇也不断向阿尔巴尼亚的封建主们施加压力，要他们一见匈牙利军队向南推进就立即拿起武器。在教皇的压力下，封建主们也加紧了准备。阿尔巴尼亚反对土耳其的国内条件也进一步具备了。

这时，土耳其苏丹对匈牙利军队的进攻十分恐惧，他把自己的军事力量大部分集结在多瑙河边以阻挡匈军，只有很少士兵驻守阿尔巴尼亚。

1443年11月3日，匈牙利军队跨过多瑙河，直逼尼什城，土耳其部队士气动摇，土军总司令巴夏下令土军后撤，千载难逢的机会到了。斯坎德培在土军撤退的一片混乱中，率领300名阿尔巴尼亚人组成的骑兵队伍从前线回调，直逼第勃拉，发动起义。

第勃拉的阿尔巴尼亚人热烈响应斯坎德培。斯坎德培决定乘土军暂时晕头转向之际，出其不意地把国内所有要塞都拿到手。他把第一个目标选在克鲁雅。斯坎德培率军抵达克鲁雅城下，他知道城中土军还未来得及得知自己起义的消息，于是决定利用自己是土耳其苏丹宠将的身份诈开城门，引军入城。他派人进城，送上一道假命令，城内土军急忙大开城门，放斯坎德培部队入城。斯坎德培在当天夜里将隐藏在森林中的大批部队偷偷放入城中，突然袭击城中土军。土军惊慌之下束手被歼。这样，斯坎德培轻而易举地攻克了克鲁雅要塞，消灭了城内所有守军。

斯坎德培继续进攻，各地阿尔巴尼亚人民群起响应，反对土耳其人奴役的武装总起义开始了。由于斯坎德培的长期准备和选择了良好的时机，起义十分顺利。土耳其人万没料到斯坎德培的举动，一时措手不及，连遭重创。1443年11月8日，斯坎德培在克鲁雅宣布恢复自由的阿尔巴尼亚公国。他在克鲁雅白色的城堡上升起了阿尔巴尼亚的国旗——红底上一只黑色双头鹰。

但土耳其人是绝不能容忍斯坎德培的所作所为。1457年，土耳其8万精兵在久经沙场的土耳其将领叶佛列诺扎指挥下向阿尔巴尼亚进发。此时，阿尔巴尼亚正面临着极为严峻的处境。欧洲的盟国大都自顾不暇，无法援救阿尔巴尼亚；阿尔巴尼亚国内的封建领主也开始反对阿尔巴尼亚领导人斯坎德培；有些阿军将领临阵投降土耳其。斯坎德培临危不乱，他制定了在极为不利的环境下打败敌人的计策。他把自己的部队分散隐蔽起来，不让敌人发现，在看准时机的情况下突然出现，猛击敌人一下，就又消失得无影无踪。土耳其大军急切地想与阿军决战，企图一战定乾坤。然而斯坎德培却不断神出鬼没地消耗着敌人的力量，从不与敌人做对面交锋。这使土军十分恼火和焦躁。

斯坎德培知道，土耳其人非常害怕自己，把自己看成是阿尔巴尼亚抵抗力量的象征。因此，他决定利用土耳其人这一心态，设计迷惑诱骗敌军。于是，他秘密躲藏起来，同时派人四处散布谣言，说他领导的部队已土崩瓦解，还说他为了保住脑袋已藏入深山老林，再也不敢出头露面。以至于土耳其军队司令和他的侄子也相信了这些谣言，深信斯坎德培已不会再起任何作用了。土耳其军队欣喜若狂地庆祝阿尔巴尼亚被征服。然而，就在1457年9月7日土耳其人在阿尔巴尼亚首都克鲁雅附近的阿尔蒲莱纳平原上欢庆自己的胜利之时，斯坎德培率领阿尔巴尼亚大军从天而降，包围了不知所措的土耳其人。这一仗土军彻底被击溃，数千名军士被俘虏。

斯坎德培一举扭转了阿尔巴尼亚的危境。他不但狠狠打击了土耳其人，也打击了那些动摇和背叛的封建主，驱散了对斯坎德培政权命运的任何怀疑和猜测，斯坎德培再一次利用韬光养晦之计取得了卫国御敌的胜利。

锦囊妙语

真正的智者应学会隐匿自己的智慧之光，善于韬光养晦。古人说："鹰立如睡，虎行似病。"也就是在外表上看起来要显得晦暗、糊涂、愚蠢，而内心则应保持绝对的精明。

假痴不癫的孙膑

战国时期，孙膑与庞涓同为鬼谷子弟子，共学兵法，曾有八拜之交，结为异姓兄弟。庞涓为人刻薄寡恩，孙膑则忠诚谦厚。

有一年，庞涓听说魏国正在高薪招贤，访求将相，不觉心动，就辞行下山。临行，孙膑相送话别，庞涓说："我与兄有八拜之交，誓同富贵，此行若有进身机会，必为兄举荐，共立大业。”

庞涓到了魏国，魏惠王见他一表人才，韬略出众，便拜为军师，东征西讨，屡建奇功，败齐一役，声震诸侯，诸侯忙相约联翩来朝，庞涓之名，惊动各国。

庞涓虽显赫不可一世，却还妒忌着一个人，那就是他的义兄孙膑，他认为孙膑有祖传的“孙子十三篇”兵法，胜己甚长，一旦给予机会，必将会压倒自己，因而始终不予举荐。

鬼谷子与墨翟相好。一次，墨翟往访鬼谷子，见到孙膑，交谈之下，叹为兵学奇才。墨翟到了魏国之后，在魏惠王面前举荐孙膑，说他独得其祖孙武之秘传，天下无有对手。惠王大喜，知孙膑与庞涓是同窗兄弟，就命庞涓修书聘请。

庞涓明知若孙膑一来，必然夺宠，但魏王之命，又不敢不依，乃遵命修书，遣使往迎。鬼谷子深通阴阳之术，算知孙膑之前途得失，但天机不可泄漏，只好在他名上加一“月”字，孙膑，原为孙宾的。并给其锦囊一个，吩咐必须到危急时候方可拆看。

孙膑拜辞先生，随魏王使者下山，登车而去。见了魏王，叩问兵法，孙膑对答如流，魏王大悦，欲拜为副军师，与庞涓同掌兵权。庞涓却说：“臣与孙膑，同窗结义，膑实臣之兄，岂可以以兄为副？不如权拜客卿，候有功绩，臣当让位，甘居其下。”于是拜孙膑为客卿。

从此，孙庞两人又频相往来了。但此时相处，已没有了当年的那样真挚。因为庞涓心怀鬼胎，欲除义兄而后快，却以孙膑熟读孙武兵法，待其传授后才下毒手。

不久，孙庞二人在魏王面前摆演了一次阵法，庞涓不及孙膑，就怀恨在心。庞涓经过一番策划，制造了孙膑私通齐国的假象，并报告给魏王。魏王一听，大怒，乃削去孙膑官职，发交庞涓监管。庞涓又进一步落井下石，私奏魏王，将孙膑的一对膝盖削去。孙膑并不知道这一切都是庞涓所为，他还为庞涓在魏王面前为自己求情而感激万分呢，就答应庞涓的要求，在竹简上刻祖传的《孙子兵法》。没料，庞涓派去照料孙膑的仆人成岸是个仗义之人，把这一切全告诉了孙膑。孙膑知道了庞涓害他，大吃一惊，兵法当然不能继续刻了，但若不刻，必死无疑。情急之中，打开了临别时鬼谷子送的锦囊，见里面有一幅黄绢，上写“诈疯魔”三字。孙膑顿时有了主意。

晚上，饭送了上来，孙膑正举着筷子，忽然仆倒在地上，作呕吐状，一会儿又大声叫喊：“你何以要毒害我？”接着把饭盒推倒在地，把写过的竹简，全扔进火炉，口里便语无伦次的骂起来。看守不知是诈，慌忙奔告庞涓。

次日庞涓来看，见孙膑痰涎满地，伏地哈哈大笑，忽然又大哭。庞涓问：“兄长为何又哭又笑呢？”孙膑说：“我笑魏王想害我命，而不知我有十万天兵保护；我哭的是魏国除我孙膑之外，无人可当大将。”说完，瞪眼盯住庞涓，复叩头不已，口叫：“鬼谷子先生，你救我一命吧！”庞涓说：“我是庞涓，你不要认错人！”孙膑拉住他的袍子，不肯放手，乱叫道：“先生救我！”庞涓无法脱身，只好命左右将孙膑扯脱，才回到住地去。

庞涓回到住地，心中还很疑惑，认为孙膑很可能是作癫扮傻，想试探其真假。他命令左右把孙膑拖入猪栏里。猪栏中粪秽狼藉，臭不可闻，孙膑披头散发，若无其事地便倒身卧落屎尿中。不久，有人送来酒食，说是偷偷瞒过军师送来的，是哀怜先生被刖之意。孙膑一看就知道是庞涓玩的鬼花招，怒目大骂道：“你又来毒我吗？”一下把酒食打翻在地。使者顺手拾起一截猪屎给他，他拿起就送到嘴里，有滋有味地嚼着，并吞进肚里。

使者把情况回报给庞涓，庞涓说：“他已真疯了，不足为虑矣。”从此对孙膑不加防范，任其出入，只派人跟踪而已。孙膑这“疯子”行踪无定，早出晚归，一直把猪栏当作卧室。有时爬不动了，就睡在街边和荒屋中，随便捡到什么就往嘴里塞，魏国人都以为他真疯了。

这时，墨翟云游到了齐国，住在大臣田忌家里，其弟子禽滑也从魏国来。墨翟问他：“孙膑在魏国得意与否？”“可惨了，已经疯了。”禽滑遂将孙膑被刖膝之事说了一遍。墨翟听后大惊，说：“我当时是想推荐他，没想到反而把他害惨了。”

墨翟心中明白，孙膑一定是在装疯等待机会。于是，他把孙膑的才华及庞涓妒忌之事，告知田忌。田忌又告知齐威王。齐威王听说本国有如此将才，见辱于别国，十分气愤，说：“寡人即刻发兵迎孙膑回国！”田忌却说：“投鼠须忌器，孙膑既不见容于魏国，又怎么容他回齐国呢？此事只可以智取，不可以硬碰。”齐威王于是令客卿淳于髡为使，禽滑作随从，以进贡茶叶为借口，到魏国去相机行事。

淳于髡到了魏国见过惠王，说了齐王对他的敬意，惠王大喜，把他们安顿到迎宾馆住下。随从禽滑私下去找孙膑。

一天晚上，找到了，见孙膑靠坐在井栏边，对着禽滑瞪眼不语。禽滑走到近前，垂泪细声说：“我是墨子的学生禽滑，老师已把你的冤屈告之齐王，齐王命我跟淳于髡假以进茶为名，实欲偷偷带你回齐国去，为你报此刖足之仇，你不必疑及其他。”好一会，孙膑才点头，流着泪说：“唉，我以为今后永无此日了。今有此机遇，敢不掬心相告。只是庞涓疑虑太重，恐怕你们带不走我。”禽滑说：“这你放心，我已经计划好了，到起程时我会来亲自相迎。”同时约好第二天碰头地点及时间才离去。

次日，淳于髡一行要回国了，魏王置酒相待，庞涓也在长亭置酒饯行，但禽滑已在前一夜把孙膑藏在温车里，叫随从王义穿起孙膑的衣服，披头散发，以稀泥涂面，装作孙膑的模样在街边坐着，瞒过了盯梢的，也瞒过了庞涓。禽滑驱车速行，淳于髡押后，很快就把孙膑载回了齐国。过了几天，那位假孙膑也偷跑回国。跟踪的人见孙膑的脏衣服散在河边，报告庞涓，都认为他已投水死了，根本没想到他会回到齐国去。

孙膑回国，仍不出名，不露面。后来赵魏交战，孙膑以“围魏救赵”之计，大败庞涓。韩魏之役，孙膑再以“增兵减灶”之计，诱敌深入，终于把庞涓射死在马陵道上。

锦囊妙语

在形势不利于自己的时候，表面上装疯卖傻，给人以碌碌无为的印象，隐藏自己的才能，掩盖内心的抱负，以免引起对手的警觉，而一旦时机成熟，就迅速出手，以实现自己的抱负。